# 积极上瘾

POSITIVE ADDICTION

[美] 威廉·格拉瑟 著 王梦妍 魏宁 译
(William Glasser)

机械工业出版社
China Machine Press

图书在版编目（CIP）数据

积极上瘾 /（美）威廉·格拉瑟（William Glasser）著；王梦妍，魏宁译．—北京：机械工业出版社，2019.1（2021.3 重印）
书名原文：Positive Addiction

ISBN 978-7-111-61307-7

I. 积… II. ① 威… ② 王… ③ 魏… III. 人生哲学－通俗读物 IV. B821-49

中国版本图书馆 CIP 数据核字（2018）第 248132 号

本书版权登记号：图字 01-2017-3838



# 积极上瘾

出版发行：机械工业出版社（北京市西城区百万庄大街 22 号　邮政编码：100037）
责任编辑：朱婧琬
责任校对：李秋荣
印　　刷：北京建宏印刷有限公司
版　　次：2021 年 3 月第 1 版第 2 次印刷
开　　本：147mm×210mm　1/32
印　　张：5.625
书　　号：ISBN 978-7-111-61307-7
定　　价：39.00 元

凡购本书，如有缺页、倒页、脱页，由本社发行部调换
客服热线：（010）68995261　88361066　　投稿热线：（010）88379007
购书热线：（010）68326294　88379649　68995259　　读者信箱：hzjg@hzbook.com

Positive Addiction

# 目录

Positive Addiction

1

# 力量

## 具备与欠缺

很少有人意识到在我们一生中有多少苦难是自己选择的。即使选择了苦难，我们依旧会固守在这个错误的选择上继续向前，因为我们相信自己没有能力做出更好的选择了。孩子不会辍学，妻子不会离婚，因为他们都相信这一选择是正确的。孩子辍学，妻子离婚，是因为他们没有力量继续承受这一苦难。首先我将详细介绍为什么我们做出的所有不幸选择是由软弱造成的；之后我将探讨对于想要变得更加强大的人而言，他们应该认真地考虑一下，尝试让自己上瘾。

如果你对“上瘾”的理解还停留在大众阶段，那么你可能只理解了一层意思，因为无论是对你还是对之前的我自己而言，上瘾意味着人生被海洛因、酒精或是赌博毁了，有时会连自己亲朋好友的生活也毁了。除非你喘不上气或是有罹患癌症的风险，否则你是不会戒烟的；除非你的体重严重超标，否则无论是让自己还是他人感到厌恶，你都不会控制饮食。可这样做对你是没有好处的。所有人都知道摄入太多咖啡会让人精神紧张、夜晚失眠，但是又有多少人改掉了喝咖啡的习惯呢？我并不否认这些一般上瘾例子的事实，但是我确实认为上瘾并非一无是处。与此相反，在我看来，与上述的上瘾对人有害类似，有些上瘾对我们是有益的，我将其称为积极上瘾，诸如酒精或海洛因会让我们变得虚弱，摧毁我们，而积极上瘾与之对比鲜明。尽管积极上瘾的概念很新，但拥有长久的实践基础。目前这种积极上瘾存在于成千上万人中，其中大部分人都意识到自己有某种强烈的习惯倾向，但很少有人认为自己是上瘾的。然而，这些习惯中有很多是我称为积极上瘾的，因为这些特殊的上瘾，这些人几乎总是比那些过着类似生活但非积极上瘾的人更加强大。有了这些额外的力量，他们可以生活得更加自信、更有创造力、更幸福，通常也更健康。

我相信大多数人终其一生想要追求的就是幸福，那么首先来看看，如果我们没有足够的力量来追寻幸福时会发生什么，有人会争辩，认为活着本身就是人类的最高需求，但是如果我们仔细审视自身和熟悉的人，就会发现这一论点毫无道理可言。的确，很多人在生活悲惨、追求幸福无望的时候会贪恋生命。然而，这些人坚持生活下去，不是因为生活本身是有益的，而是因为那句古老而准确的俗语——只要活着就有希望。如果仅仅活着都是如此强大的需求，那么应该很少有人自杀才对，而事实并非如此。

仅在美国，每年就至少有五万人深信生活无望，这些人中大部分身体健康，但他们觉得自己没有可能得到满足、得到喜悦、得到认可，或是得到我们大部分人所谓的幸福。人们自杀，是因为比起现在过的生活，死亡似乎是更好的选择。除了自杀，在一些堕胎合法的地区，堕胎正变得像分娩一样普遍。我并不是在探讨堕胎的好坏，但是我认为在多数情形下，当一位母亲决定打掉自己的孩子时，要么是因为她自己的幸福受到了威胁，要么是因为她腹中胎儿的幸福受到了威胁。当今，很少有母亲因为自己有生命危险而选择堕胎。还有一种情况是安乐死。不同于堕胎，安乐死在大部分地区都是非法的，因此其发生率很低。选择安乐死的人认为仅仅活着并不算是真正的生活。这都是一些强有力的论据，对于那些足够强大的人而言，成就、喜悦、认可、个人价值观感、价值感、爱人及被爱的愉悦，这些情感体验并不是生活提供的选项，而是生活中的既有事实。

每个人都有他自己寻觅这些情感的方式，但总体而言，每个人都会通过以下方式来找寻这些情感：①爱，即通过爱人与被爱；②做自己认为值得做的事。从小时候开始，大人就告诉我们什么是值得做的，或许更多的是什么是不值得做的，先是父母，后来是老师、老板、朋友、牧师、邻居、政客。这些值得做和不值得做的事情像连环炮一样不断轰击着我们。我们很快就尝到了做正确的事情带来的甜头，当然也吃到了做错误的事情带来的苦果。我们长大成人，应该学会自己判断什么是值得做的事，但是对于那些正确而别人不支持的事情，则需要很大的力量才能完成。

我们在选择做自己相信的事和做取悦身边重要人物的事之间不断妥协，而大多数人都将自己的一生花费在这些妥协上。幸福在很大程度上取决于能否获得足够的力量，来最小化生活中的那些妥协。这远不像小时候那样简单，骑着自行车，高喊“看啊！妈妈，我能松开手把了……”也远不像登上月球的人那样被完全接纳，但是无论如何，所有带来认可的成就都会带来喜悦，而未取得的成果总是与痛苦为伴。认可可能会立即显现，也可能延迟出现。有时我们不得不花很长时间才能等来认可，但是如果一生中从未因为自身成就而得到过认可，那将非常悲惨。我不必讨论爱这一主题，因为很明显，拥有爱会使人开心，而没有爱会使人难过。

要想找到我们都想要的幸福就必须明白：①做什么，②怎么做，以及③从哪里获得做成事情需要的力量。在爱与价值的挣扎中，做什么和怎么做并不难回答。如果万事皆有可能，通常我们会大概知道哪些事情会让自己幸福。接下来就是考虑如何完成，而这同样并不困难。即便有时候我们似乎会因为做什么或怎么做而感到心烦意乱，但这种一时的烦乱很少是真正的问题所在。真正的问题是：我们没有足够的力量支撑自己完成那些会带来幸福的事。要承认自身不具备应有的力量是非常困难的，所以我们会倾向于给自己找借口，哭诉自己不知道该做什么或者怎样去做。尽管会抱怨，但通常情况下我们明白，自己缺乏的并不是如何去做，而是去做的力量。

尽管我们需要更多力量，但在人生中的一些特殊时刻，我们只能拥有某一特定量的力量。对于大多数人而言，想要获得更多的力量并没有捷径可走。如果能有更多的力量，我们就能过更好的生活，但事实是，我们真正拥有的力量远少于想要拥有的力量，所以很多人只得将就生活。谈论这些的时候，我并不只是在谈论那些过着悲惨生活的弱者，我谈论的可以说是所有人。即使人们拥有可观的力量，当他们坦白地直面自己的生活时，也通常会发现自己有将就的地方。有句简单的话，我们有时会说出声，不过更多情况下是在内心对自己说——“去他的”，这句话表明我们正在将就，因为当下自身不具备追求更好生活的力量。我们清楚地知道自己想要拥有怎样的生活，但还是会对婚姻将就，对孩子将就，对老板或员工将就，对邻居将就。我们喝酒、抽烟、暴食，因为这比磨炼自己，对这些诱惑说“不”更简单。我并不是说我们应该生活得更加刻板或是更爱争论，因为这同样是软弱的表现。我们需要力量来让自己变得温暖、坚定、幽默又体贴，并且可以继续做该做的事。如果我们从来不说“去他的”，那么我们会生活得更好。这一章的意图就在于仔细解释人们如何将就生活来避免承受与软弱相伴而来的苦难，而这种软弱会导致我们放弃，并且会让我们说“去他的”！

有时我们真的不知道该做什么，这种情况虽不常见，但确实存在。即使在这种情况下，如果我们有力量面对这一事实，找到得体的方式放弃，而不是犹豫不决、一事无成，那么我们将生活得更好。我们不断做着无谓的努力，因为我们并不想承认自己没有力量选择放弃。我们深陷泥潭进退两难，是因为我们没有足够的力量和勇气做出改变。例如，我们可能不抱希望地讨好某个并不会回应自己的人，因为我们认为自己没有力量能够找到其他人。而冒被新人拒绝的风险，则需要更多力量，所以我们紧紧抓住那个认识的人，然后说“去他的”。因为我们已经习惯了这种痛苦。如果我们拥有更多的力量，就不会说“去他的”，而是会说“去他的这些痛苦，我再找别人”。软弱的人对生活忠贞不渝，他们沉溺在自己的苦难中。他们这么做，一方面是希望有人会为自己感到遗憾，从而帮忙解决问题；另一方面是相信这样能减少痛苦，而这一点正是我马上要解释的。

寻找爱与价值并非易事，但也并非难如登天。寻找爱与价值不可能过于困难，因为大多数人都具备足够的力量找到爱与价值，以获得不错的幸福感。然而，世界上有很多人，确切地说是美国有数以百万计的人，他们没有足够的力量，并因此活得很不幸。每天清晨醒来，他们就知道今天又将是糟糕痛苦而不幸的一天。他们可能会抑郁、会紧张、会生气、会难受、会发狂，甚至心如死灰无动于衷。但是无论他们感受到了什么、表现出了什么、想到了什么，都会因为缺乏改变生活的力量而深陷于痛苦不幸的泥潭之中。

由于痛苦和不幸的明显用途就是告诉你有些地方出现了问题，你需要修复或改变这些问题，革新提升自己，寻求帮助，所以如果你没有力量完成这些，那么痛苦就会一直纠缠着你。这并不是说拥有强大力量的人不会遭受痛苦，他们和所有人一样都会遭受痛苦。强大的人并不会对生活免疫，但是感到痛苦时，他们就会采取行动，或者至少会试图做些事情；而且他们的力量越强大，努力就会越有成效。不过在很多情况下，他们也是无计可施的。正如我们所有人都会遇到的一样，在面对这种情况时，这些力量强大的人也只能一边寻找对策，一边忍受痛苦。他们宁可选择忍受痛苦，也不会做一些冲动的事情，抹杀掉自己寻求幸福的机会。强大的人会耐心等待，因为他们已经明白时间确实会治愈很多伤口。

强大的人生活幸福，软弱的人过得凄惨，剩下的就介于这两者之间。我们大多数人就生活在这两者之间，虽然有足够的力量让自己生活得不错，但是又没有强大到可以不受那些无谓痛苦的影响。本书主要面向社会中的这一群体。我们当中的很多人力量并不匮乏，但要想完全解决复杂生活中各个方面的问题，依然显得捉襟见肘。我们可能拥有足够的爱，但可能因为丢了工作而崩溃；或是我们有份好工作，但在私人生活中却惨遭他人拒绝。

如果我们没有足够的力量，就会舍弃一些东西来试图减轻自己的痛苦。无法应对不断袭来的痛苦时，我们会努力减轻这些痛苦，并非全盘皆抛，而是会一点点地逐渐舍弃。例如，我已经在非常艰苦的环境中做了 4 年的志愿工作，在这期间，我每天下午都会感觉头痛。我并不认为自己软弱，但是我的身体中有个声音在说“放弃吧，别再受这份破工作的苦了”，而另一个声音在说“坚持住”。想要放弃的那个声音会引起头痛，想让我更理性地做出放弃的决定。我要么是异常强大，要么是太过愚钝，所以没有选择放弃，但是我也没有强大到可以毫不头痛地完成工作。我最终完成这项工作，还取得了一些成绩，头痛也随之消失了。

现在让我们来探讨一下“不幸如何让人选择放弃”这一整体概念。我们探讨的前提是，这个人完全放弃，就像很多弱者做的那样，但是现实中更多的人会选择只放弃其中的一部分。

不过，这个过程是完全一致的，只是程度上有些差别。在所有案例中，无论强大还是软弱，对所有人来说最好的解决方式就是让自己变得更加强大。有人可以在完成工作的同时摆脱头痛，但我们中大部分人都没有这份幸运。

## 放弃：弱者的第一选择

如果你没有力量去完全应对痛苦，会发生什么呢？数以百万计的人都没有足够的力量，对于他们而言，生活就像是牙疼时没有钱看医生一样。疼痛不会减轻，而且如果你负担不起医药费，疼痛只会更甚。大多数有足够力量的人不会真的考虑放弃，但是那些没有足够力量的人为了摆脱痛苦，可能会孤注一掷，从而选择放弃。他们觉得放弃是不得不做出的选择，因为在他们看来，没有任何事物可以缓解自己的痛苦。

我敢肯定，对于本书的很多读者而言，放弃并不是个好选择。当一个人获得幸福的唯一途径是继续争取尚未拥有的足够的爱与价值时，为什么还会有人考虑放弃呢？有些人会完全放弃，更多的人会放弃部分，他们不是不想获得幸福，他们同其他人一样想要获得幸福，他们选择放弃是因为在其人生中的这样一个悲惨时刻，幸福甚至不在考虑范围之内。他们生活在不间断的悲惨中，得不到想要的事物，而且他们也认为自己永远都不会得到，因此希望通过放弃，让自己从这种悲惨的生活中松口气。如果你相信这种说法（相信我，数以百万计的人就是如此），相信不断努力尝试只会导致更严重的失败，那么在痛苦达到极限以后，你很可能会想："为什么还要坚持挣扎？反正我也不会成功。"这么多人选择放弃，不是因为他们愿意接受这悲惨的生活，而是因为当努力总是以失败告终时，继续坚持只会让自己的痛苦更甚。这都是些软弱的人。他们已经接受了生活很悲惨这一事实；他们想的是怎样减轻悲惨的程度。仅仅因为狐狸说葡萄酸并不代表葡萄本身就是酸的，是因为狐狸够不到葡萄才说葡萄酸，这样的话放弃跳起来够葡萄会减轻些痛苦。然而，如果另一只友善而敏捷的狐狸送给这只狐狸一串香甜的葡萄，向它证明葡萄并不酸，这只狐狸很可能会叫敏捷的狐狸捣蛋鬼，而且避之不及。多数选择放弃的人会倾向于远离成功人士。毕竟，无论对方多么富有魅力，哪个成绩很少突破 100 杆的高尔夫球手愿意和经常打出标准杆的人一起玩呢？

希腊神话中的巨人西西弗斯想要成为天神，但因为傲慢被众神判以永无止境的惩罚。他要将巨石推上山，但每次巨石要达到山顶的终点时，神就会出现并把巨石推下山，西西弗斯只得走下山，再从头开始推巨石，天天如此，永无尽头。很多人认为自己处于和西西弗斯一样的境地。似乎对他们而言，找到生命中值得做的事情，或是找到真心关爱自己的人是不可能的事，既然如此，为什么还要不断努力尝试呢？西西弗斯被众神诅咒，无法选择放弃，但我们并不如此，如果我们推着巨石上山，一次两次巨石都滚回山下，我们就会说："去他的，我不干了。"尝试寻找幸福未果，远比放弃更痛苦，所以我们会选择放弃。我坚持认为西方世界里几乎所有人都会最先做出弱者的选择——放弃，而这样做是因为他们没有力量继续努力尝试。这并不意味着所有人都是因此选择放弃或放弃程度相同，放弃也是有差异的。只有一小部分人彻底放弃，对大多数人而言，如果他们有力量去努力，会得到更多的爱与价值，但是他们选择了将就生活。

这些人并不是这样看待这个问题的。他们首要关心的是减少痛苦，最后才想着获得更多的爱与价值。他们的生活可能并不是一无是处，但也悲惨到让他们想要减轻痛苦。在有些情况下，这些人可能看似根本不会有痛苦，但是我们应该想到，我们永远无法体会他人的痛苦。他们可能知道如果自己冒险多尝试几次，会比现在过得幸福很多，但是他们不相信自己有力量取得成功。更进一步说，因为软弱，所以他们把让自己变强大需要做的事情从头脑中剔除；因为没有力量去争取更好的生活，所以他们安于过这种低于幸福水平的生活。

我相信你在读前面这几段以及接下来关于症状选择的内容时，可能会在很多种情形下看到自己的影子。尽管你可能并没有完全放弃，但是缺乏力量时，你会将就于此，或是选择一种症状，就像我选了头痛一样。也许获得力量的开端就是你开始意识到做出的选择是错误的。仅仅明白生活悲惨的很大一部分是自己选择造成的，就会帮助你认识到尝试做个更好的选择或许是非常值得的。如果你相信生活悲惨无缘无故降临在你身上，你自己无法控制的话，你就永远不会获得比当下更多的幸福。但是有个生活事实让很多人意识不到，即我们的悲惨生活是自己的选择导致的。如果你反对说，对于我们自己无法做出正确选择这一点，世界本身也有很大责任，那么你的确会有大量事实来支持这一观点。

例如，如果一个孩子不会说英语，或是老师对他抱有偏见，又或是他从来吃不上早饭，胃疼得厉害，无法集中注意力，那么他怎么可能获得力量，怎么可能在学校中表现优异呢？这个孩子如果选择放弃，是他自己的错吗？难道不是体制的问题剥夺了他满足自己需求的机会吗？在明知不会取得成功的情况下，这个孩子还必须在学校待 10 年或者 12 年，这一体制对这个孩子而言，不就像西西弗斯的诅咒一样？当然，很多人的痛苦都是由体制造成的。当然，世界上的所有人都应该拥有为爱与价值拼搏的机会，都应该在成长的时候获得为自己那份幸福拼搏的力量，但事实是，这个世界并不像我们多数人希望的那样。

尽管我认为强大的人有责任努力工作，让世界变得更好，但所有人都需要为自己拼尽全力，无论强大还是软弱。像很多好心但是误导人的社会科学家和政客那样，告诉一个弱者或力量欠缺的人，他对自己的悲惨没有责任，因为是他生活的世界抹杀了他的机会，这种观点可能是对的，但是现实中这样说只会让他更软弱，只会让他选择放弃，然后辩解说，这是世界的问题。作为心理学家和教育工作者，我的工作就是试图帮助这些弱者变得强大，不论他们身处怎样的境地。作为公民，我试图让这个世界变得更好——这是我一直以来的责任（也是你们的责任）。本书的主题是，无论软弱还是强大，很多人都可以自我帮助，让自己变得更强大，而获得力量的一条新途径可能就是积极上瘾。如果更多人获得力量，或许我们就会创造出更好的世界：因为如果大部分人都是弱者，这点是几乎不可能做到的。

## 各类症状：弱者的第二选择

如果想知道一个人在选择放弃，做出第二选择之后会发生什么，那么最好的办法就是来我的办公室，和我一起接待第一次来访的人。通常我会用以下这种方式开始谈话，“那么请告诉我你的困难是什么”“你的问题是什么”，或是“你觉得哪里出了问题呢”。多数情况下，来访者会看着我，非常清晰、非常平静、非常明确地说，他来是因为他很抑郁。对他而言，处理生活中问题的第一选择（即放弃），已经不能让他满意了：因为痛苦会再次袭来，为了减少痛苦，他做了更进一步的尝试，做了第二选择——抑郁。

抑郁并不神秘。很多读者可能都清楚抑郁的滋味。我们一生中至少都经历过很多次轻微的抑郁，但是当一个人告诉心理学家说他很抑郁时，问题就很严重了。对话的内容可能不尽相同，而且我认为他想说的远不止于此。“格拉瑟医生，我觉得很抑郁，您是心理学家，来找你是因为我想让您带我走出这种痛苦悲惨的感觉。”所以他说了这些话之后就把问题抛给了我。我工作有段时间了，但是这种情况依然让我很紧张，因为可能他期待我不管用什么方法，只求快速帮他摆脱痛苦。不论让他情绪低落的原因是什么，是不是自己的错，他的感受都是真实的，而且他很痛苦。他像是坐在热炉子上一样，而且无法起身。他说：“我做了很大的努力才到您的办公室来（对于抑郁的人而言，这是不小的努力，他甚至想因为这份努力而得到认可），我希望您能做点什么，帮我从这种悲惨的生活中解脱出来。”而问题是我无能为力。我没有魔法杖可以驱散他的苦痛。有时这样会让我感到压力很大。我会幽默一下，开玩笑地说：“我告诉你吧，振作点！”当我真的对来访者说出这句话时，他们都会发笑。但是他们为什么会觉得这句话这么好笑？难道我的建议有什么问题吗？来访者沮丧抑郁，生活悲惨；他正在寻求帮助，所以我说：“振作点，别再继续忍受痛苦了！”

人们发笑是因为他们认为这条简单的建议是徒劳无功的。我们都经历过抑郁，也有些什么都不懂的好心人告诉你要振作起来，这点建议对当时处境中的我们而言，就如同用茶杯拯救泰坦尼克号一样微不足道。有时来访者也会认真对待这句话，思考一会儿说：“你什么意思？振作一点儿？你没听懂我说的吗？我刚刚告诉你我很抑郁。天呐，我要是能振作起来，当然会振作。可问题是，振作不起来，这也是我来找你的原因。”他说的都是事实，但是为什么他振作不起来呢？为什么他如此固守自己的悲惨呢？我认为他紧抓悲惨不放，是因为尽管他已经这么惨，但抑郁对他仍有价值。坐在我的办公室时，他并没有意识到这点——他认为抑郁是他经历过的最坏的事了。我认为是他抓着抑郁不放，因为他相信如果丢掉抑郁，他只会比现在更痛苦，只是他并没有意识到自己的这种想法。今晚他选择的抑郁也带来了痛苦，但是就像其他第二选择一样，这比选择放弃带来的痛苦要少。

所有患有严重抑郁症的人（还有其他一些人，我稍后会探讨）都是在做出了初次选择后，立刻从四类症状中选择了一类。他们通过放弃来减少在寻找爱与价值的过程中失败带来的痛苦。不幸的是，当你选择放弃时，痛苦确实会在一段时间内有所缓解，但是因为你不能永远放弃追求幸福的需求，而这必然伴随着痛苦，所以痛苦总会再次袭来。这痛苦可能不会特别严重，但也足够折磨人，所以和其他无数人一样，这位来访者环顾四周，想寻找些事物来再次减轻痛苦，就他而言，尽管也像其他人一样做出了第二选择，但他完全没有意识到这是一个选择，也就是他自己选择了抑郁。抑郁是一种非常普遍的选择，或许是所有选择中最为普通的，但是为什么抑郁会减轻痛苦呢？

下面就让我来解释一下。假设这位来访者说：“格拉瑟医生，你看，我无法振作；我的妻子突然离开我，和其他人同居了。”他做的就是试图解释自己是如何被击垮，讲清楚他无法振作的原因。我承认有时我很想告诉他出去玩玩，谈谈恋爱，但是我永远不会这样回答他。他已经从朋友那里听了足够多这样的建议。他甚至可能会预料到我这么说，于是他会说："求你了医生，别告诉我去找其他人。就现在我这样子，谁会感兴趣呢?"他把自己力量欠缺、选择放弃、固守不变，以及我们之后会讨论的大部分问题都归咎于抑郁。他一点儿都没有意识到是他自己主动选择了抑郁。他也没有意识到，很大程度而言，抑郁使他的问题有了合理的解释。他并没有意识到当下他不需要面对自己力量的欠缺，因为在他看来，自己并非有所欠缺，而是"生病"了。

尽管抑郁也很痛苦，但是与选择放弃相比较而言，他选择的抑郁与欠缺直面自己的力量就显得没那么严重了。在选择放弃时，他也同时放弃了责任，但是选择抑郁则能伪装自己的不足，从而有借口向他人求助。就像那只狐狸一样，它可以说葡萄酸，但重点是因为它不会再跳起来争取，所以有了一个完美的借口：一个人在这么抑郁的情况下怎么能振作起来呢?进一步说，他现在处于更好的位置，可以寻求帮助，因为几乎没有人会认为抑郁症患者应该为他们自己的悲惨负责。他可能会拒绝帮助，因为他担心如果接受帮助，可能到最后还是要靠自己。这样一来，他做的就是不断抱怨，以减轻痛苦，因为抑郁现在是他力量欠缺的保护色。尽管会很痛苦，但是自身的感受已经成了他的朋友。

他深信自己不会再从现实世界中得到爱与价值，于是他紧握抑郁不放，把抑郁当作爱与价值的替代品。抑郁可能并不是一个很好的替代品，却是他能找到的最好替代品了。深陷抑郁是因为：第一，这样他放弃的做法能更加合理，而且也能让他更好地接纳自己。第二，抑郁给了他寻求帮助的机会，但不能自救自助时，他可以寻求他人的帮助。如果他选择放弃，人们就会因为他的软弱而离他远去，但是他现在正承受着痛苦，当他向别人寻求帮助，他会说“你看我现在多么痛苦”，而有些人确实可能注意到他的痛苦。他也经常会说“别管我”，来看看他们关心自己的程度。但是在我的办公室里，无论合作与否，他想要的就是关心，或者至少要到些关注。他没有力量去全力以赴地帮助自己；如果能做到这点，他也就不会抑郁了。

就算是专家也可能会掉进他的陷阱，试图帮助他而不是帮他学会自助。朋友家人通常会帮助他，我承认我也帮助了他几次。他需要我，无论他受到了多少次拒绝，我都不应该拒绝帮助他，但是我也不能说我可以帮他很多。在我们成为朋友后，我会温和但坚定地指出，他必须自己帮助自己，我能做的是和他一起制订计划，帮他自助。如果他真的帮助了自己，那么他将不再需要抑郁——这个他当下唯一的“朋友”。如果他来我的办公室，只是为了看看我能提供些什么帮助然后拒绝，那么他将为痛苦和悲惨付出惨痛代价。虽然没有抑郁的人那样频繁，但是很多人也都不止一次地付出过这种代价。

有了这个例子，我们就可以看看下面表 1-1，表中有四类症状，其中有几种是弱者经常会做出的第二选择。

表 1-1 弱者的第二选择

| 四大主要症状类别 | 常见症状举例 |
| --- | --- |
| 见诸行动 | 发脾气、犯罪、反社会行为、神经质行为 |
| 深陷自我情绪之中 | 抑郁、害怕、恐惧、紧张、焦虑、悲伤、沮丧、暴躁、恼怒、傲慢、刻薄、生气、歇斯底里、疑神疑鬼 |
| 开始发疯 | 精神错乱、偏执、幻觉、妄想、转换障碍 |
| 身心疾病 | 头痛、颈痛、背痛、鼻窦炎、偏头痛、高血压、心脏病、哮喘、过敏、十二指肠溃疡、回肠炎、结膜炎、慢性腹泻、尿急、关节炎 |

虽然我会把这些各具特征的症状作为第二选择进行探讨，但是几乎所有人都会时不时地受到这些症状轻微的影响。当我们说“去他的”时，我们中的许多人就会选择第一类症状，用生气和不理智的方式表现出来。我们也都经历过短暂的痛苦的抑郁、紧张、恐惧和焦虑，这是第二类症状。几乎所有人都有过“疯狂”的想法，我们中的大多数人都断断续续地承受着疼痛、不适，或是轻度慢性疾病，这是第三类和第四类症状，而且医药治疗无法治愈这些疾病。当我们受到挫折或是被否定时，除非有超人般的力量，否则不能免于选择一种症状，但是人越强大，症状带给他的痛苦也就越小。

第一类症状，即见诸行动，最常见于儿童。当孩子很沮丧，没有得到想要的关注时，经常会大发脾气。他尖叫、大喊、哭泣，因为他知道如果他引起混乱，有人会试图帮他解决问题。随着他逐渐长大，如果没有人阻止，他通常会从发脾气转变成出现不可救药的行为。到了十几岁时，他就成了我们说的少年犯的那类人。好像只有他想要的才重要；约束我们的规则规定并不能约束他。许多成年人依旧如此——按照自己的意图行事，试图以此获得一些力量和认可，来减少他们自己空虚生活中的痛苦，于是他们成了罪犯、骗子或精神病患者。这些行为有时会奏效。他们能够成功地破坏规则，这就进一步增强了他们的选择，于是他们开始深陷自我情绪之中。他们经常会因为自己歪打正着，让事情按照自己的设想进行而欣喜若狂。

大多数具有反社会人格的人，当其行为起作用时，他们往往会过分自信，鄙视他人。他们变本加厉，直到上法庭才会停止。虽然我们中的许多人从来没有行为出格到上法庭，但还是有些人完全依照自己的想法做事，无论合法与否，而且会无限期地继续下去。最终他们的行为可能会变得野蛮，从而导致自我毁灭。许多父母都看到过自己的孩子处于这种状态，而且除非有人制止，否则孩子很可能会毁掉自己或他人的人生。无论是在家或学校大吵大闹的小孩、大街上的问题少年，还是开空头支票或抢劫银行的成年人，或早或晚，总会有人对他说“住手”“走开”“我们懒得理你”，那时他们的行为将不再有用。当他的行为失去作用后，尤其是如果他犯罪进了监狱，或者没犯罪但是被完全抛弃时，痛苦会再次袭来。如果他在监狱里，他的房间会越来越小，直到最后穿上约束衣。我们可能会批评监狱把他关起来，但是他真的会不受管束；痛苦会让他失控，因为他相信只有见诸行动才能减轻自己的痛苦。

当父母给我打电话，因为自己孩子完全不受控制而绝望时，我能给出的意见就是好好管教孩子，通常这意味着要对孩子进行矫治，别的方法都没用。如果他能在缓刑或其他法律手段下得到控制，那么优秀的缓刑官员或心理学家就能很好地帮助他；但是要得到帮助，他必须首先停止现在的见诸行动。只有这样他才能有机会放慢步伐，仔细思考见诸行动的选择是多么大的错误，而这一选择又是如何让他把爱与价值拒之门外的。尽管见诸行动的人很多，但多数人都会在童年时期停止这一行为。我们很早就从严厉的父母或老师那里学到：发脾气并不起作用。老师可能会让我们停止见诸行动，但是如果他不帮助我们学习如何追寻爱与价值，那么我们很可能转而选择第二类症状，通常是“深陷自我情绪之中”，就像来我办公室的那位抑郁症患者一样。

正如我所说的，当我们缺乏爱与价值时，抑郁症以及见诸行动都会在我们身上短暂地发生。我们越强大，这些症状就会越少发生；但那些选择放弃的人，他们不仅会深陷抑郁，而且会受到焦虑、恐惧、紧张、沮丧、冷漠或其他自我选择情感的影响，每个人的情绪都是这些感受的混合。我们选择自我情绪，特别是选择恐惧或抑郁，是因为它们比见诸行动更安全。见诸行动起作用时，会帮助我们摆脱很多痛苦；一旦不起作用，则会带来更严重的痛苦，所以我们大多数人不会尝试很久。在人生的早期，我们开始学会表达自己的情绪，这可能会伤害关心我的人，但不会失去他们，至少不会疏远很长时间。惊人的是，很多人一生中会一直帮助抑郁的亲戚或者朋友，通常情况下，这是出于一种善良的痛苦共生[⊖]。但是当我们产生恐惧、焦虑、沮丧、失落时，这些情绪成了我们真正的朋友，它们取代了我们的朋友及家人，使我们不受自己力量欠缺的影响。

因为第二类症状总是带给我们不适与痛苦，似乎与我们的幸福背道而驰，所以在整个精神病学史中，多数精神病学家都很难接受抑郁其实是病人的一种选择。我所在的领域中，很多专家都认为抑郁来自外界，不受病人的控制，病人是被“传染”了抑郁，这就好比一种精神水痘。我认为这种观点是错误的。和见诸行动一样，抑郁并不是来自外界。我们并不像感染水痘一样感染了抑郁，是因为我们软弱，我们自己选择了抑郁，因为我们发现如果不选择抑郁，痛苦会更甚。第二选择的全部目的是减少痛苦。如果第一选择减少了很多痛苦，那么我们可能就会停留在第一选择。有些人，尤其是缺乏兴趣的学龄儿童会这样做。

第三类症状是选择发疯、精神错乱、抓狂、精神分裂。还有很多流行和伪科学的词语来描述这种精神状况。我个人更喜欢“发疯”这个词，因为很容易理解，而且这个词也不像那些伪科学的词语一样会暗示精神分裂，这个词并非术语，但是它强调的重点远好于症状类别中的其他术语。精神分裂听起来很

⊖ 共生（symbiosis），又叫互利共生，是两种生物彼此互利地生存在一起，缺此失彼都不能生存的一类种间关系，若互相分离，两者都不能生存。——译者注

像一种疾病，很多优秀的科学家自欺欺人地致力于寻找治愈方法，而事实是，治愈的方法存在于那些选择了这类症状的人本身。如果他能寻找到爱与价值，那么他会很乐意放弃这个选择——这是一个很大的前提，但是每天都有数以百万计的人恢复健康出院。在充分治疗后，他们会变得更加强大，不会再选择发疯。

实际上，对软弱的人来说，发疯是个很合逻辑的选择，因为他已经不在现实世界中了，所以没有人会指望他能满足自己的需求。他生活在自己的脑中世界，尽管会很疯狂，但是他会试图寻找，而且通常能够找到现实世界中找不到的力量替代品。通过他自己的头脑，通过他自己的想象，以及通过他自己的思维过程，他可能能够减少失败带来的痛苦，得到一些安慰。为了应对自己的力量欠缺，他自己制造出了高贵的幻想，为摆脱寂寞，他又幻想自己有人陪伴。他可能会幻想有人爱他，或者他是一个至高无上全能的人，这些也会缓解他的痛苦。每家精神病医院都会有一两个人觉得自己是耶稣基督，即全能和力量的最高化身。当一个人在脑海中把这些都创造出来时，我们会觉得他疯了，但是对他而言这很说得通，因为这不像头脑清醒却深陷可悲的力量欠缺中一样会给他带来那么多痛苦。

大多数患有精神疾病的人都没有完全脱离现实。他们不愿意完全缩进自己脑海中的世界，从而与现实世界完全脱轨，很多之前选择过这类症状的人都说这一步非常痛苦。他们不想接受完全丧失理性，又要继续忍受力量欠缺带来的痛苦，所以他们被困在这个两难的境地，实际上这对他们来说也是个非常常见的位置。如果他们完全放弃现实，则可能会被送进医院，在那里他们将失去自由。他们经常要遭受残酷的电击治疗或额叶切除术。即便医院对他们很好，关在病房这个现实依旧会加重他们的痛苦。以前当精神科医生的经历告诉我，大部分发疯的人过得并不舒心，于是他们会尝试利用其他症状来排解自己的不适。他们可能会表现出攻击性行为，或是变得焦虑沮丧。没有规定说我们只能选择一种症状；很多人经常会同时选择几个症状，但是会有一个占主导地位。

有趣的是，50 年前，人们常常选择发疯而不是选择见诸行动，但是当下更多的人会选择第一类症状——见诸行动。这类症状选择的颠倒（痛苦是一样的）会发生，是因为我们生活的世界通过电影和电视美化了反社会者，从而促使人们做出这种选择。因为我们容许很多在以前社会中被禁止的越轨行为，也因为社会压力，越来越少的人会选择完全从现实世界中脱离。

刚刚当开始考虑发疯这个选择时，大部分人都是很焦虑的。脱离现实世界，不顾他人，只为自己的轻松，局限在自己个人世界中，这是很让人失落的。他们试探性地做出选择，只是在进行测试，看看这是否可以作为一种获得帮助的方式。这些人相信那些声音真的来自外界，因为听起来很像，但是要知道，人类的大脑可以完美地自己创造出声音，所以当个人出现幻听时，那些他自己创造出来的声音会让他深信不疑。治疗一位出现幻觉的病人，就好像如果你竖起耳朵仔细听，能听到他脑海里的声音一样。然而，这证明了人们确实会深陷于个人疯狂之中，如果医生都能相信，那么病人自己肯定也会深信不疑。在开始阶段他们会说："帮我变得更强大吧，我做不到。请帮帮我，我不想再疯下去了，帮我回到现实世界吧。"一间好的病房，就像 G.L. 哈林顿（G.L.Harrington）医生在洛杉矶退伍军人医院创办的那样，可以满足病人要求的这些事情。

最后一类症状是选择一种身体症状来减轻第一选择（即放弃）带来的痛苦，有的人更进一步会感到身体不适。数以百万的人普遍患有这种心理问题导致的疾病，究其本质是这些人缺乏获得爱与价值的能力。尽管生病也很难受，但是并不像面对自己的力量欠缺那么痛苦。心理问题导致的疾病类型数不胜数。著名医生威廉·奥斯勒（William Osler）曾在世纪之交进行过实践，他对此表过态，我在这里转述一下：目前人类可以很好地借助心理作用模仿所有疾病，甚至就连非常优秀的医生也无法判断这些症状是否是由心理问题导致的。

例如，你可能会因为严重头痛去找医生。但如果头痛是因为自身的力量欠缺引起，那么这就是你为自己的失败或缺乏充分的力量找的借口，医生又能做什么呢？当然，他可以而且应该仔细给你做个检查，但如果根本就没有医源性因素，那医生什么都查不出来，能做的也就是给你开些止痛药。因为阿司匹林是缓解非身心性疼痛的最佳止痛剂，所以如果阿司匹林也不管用的话，那么这种头痛很可能是由身心性选择造成的。多数头痛，即使是很严重的偏头痛，也存在未知的器质性病因，病人身上没有发现任何会引起他头部一侧血管收缩的生理问题，但是他自己的心理作用可以做到这一点。

我们不知道缺乏爱与价值如何导致了头痛，但我们现在知道的是，当一个人获得了更多的力量时，他的头痛症状就会消失。正如我之前描述的那样，几乎我们所有人都会头痛，通常是在有压力或力量欠缺的情况下，大部分人会自己挺过来，放松调整一下，头痛就会消失。但是不能自愈的人会成年累月地忍受头痛的折磨，“无法正常生活”，我把无法正常生活放在引号里，因为头痛是由他自己的力量欠缺引起的，尽管这看起来像是因果倒置。就像在其他选择中，症状会掩饰力量欠缺一样，诸如头痛这类的身心性疾病是很好的选择，因为很明显地，这就允许这些人去寻求他人帮助。

不幸的是，他寻求的帮助只是缓解头痛带来的痛苦，而这并不是他需要的全部帮助。很少有医生会说：“你看，你的头痛是由自身的力量欠缺引起的；吃点儿阿司匹林，然后去追寻爱吧，做点有价值的事。”医生觉得很难给出这样的建议，不是因为他们不认可身心性原因引起的头痛，实际上很多医生都意识到了这一点。他们不想告诉病人这些，是因为他们不想因此受到病人的辱骂，因为病人头痛的唯一目的就是让自己长期缺乏寻找爱与价值能力的现实合理化。即便医生当面指出，而且病人也很配合，他也很可能会说："医生你说得对，但是到底怎么才能治好我的头痛呢?"除此之外，对弱者而言，爱与价值并不是那么容易得到的，如果得到好的建议，他至少能有机会去追寻爱与价值；而药物治疗会固化这些症状，所有药物治疗很可能不起作用，甚至适得其反。

这就成了一个恶性循环。医生办公室里抱怨身心性疾病的病人日益增多，而医生一般会对这些人的症状进行药物治疗。这种情况发生越多，这些病人能直面自己力量欠缺的可能性就越小，药效退去以后，头痛就会越厉害。医生说"放手去做"，病人也不依赖药物而且愿意一试时，病人则需要更多的指引，而不是简单的一句建议。他需要得到一些帮助来增加自己的力量，或是他必须学会靠自己来获得力量。这两种方法都不简单：都需要付出大量时间，但是如果医生墨守成规，没有给出这样的建议，无意中就强化了病人确实患有身体疾病，而不是自身力量欠缺这一观点。显然医生在这里扮演了重要的角色，他的工作也并不轻松，仅仅建议说病情是由心理原因导致的，就可能让病人转而寻找其他医生。做出合适的建议需要时间和耐心，不幸的是，很多医生都没有足够的时间。

尽管我之前用头痛来举例，但事实上还有很多其他身心性症状和疾病。比如背痛，这是现在在美国排名第一的症状。下背部的疼痛很可能是由椎间盘突出引起的，通常会导致某条腿也出现疼痛，但如果是身心性原因引起的，即使进行了治疗，疼痛也不会消失。这种病症似乎因果关系太过明显，所以导致很多医生过度治疗，反而加重病情。背部出现问题和背痛之间并没有必然联系。尽管两者可以同时存在，而力量欠缺更可能是多数背痛的主要原因，即使在这个人们都习惯久坐，多数人背部并不健康的社会中，情况也依然如此。另外，我之前遇到过一些人，他们的背部很扭曲，光是看着就很难受，但是因为拥有足够的内在力量，所以背部并不痛。曾经有个人在我实习的退伍军人医院附近散步，他骄傲地给我看他的 X 光片，片子中可以看到他的腰椎弯成了 S 形，但是他从来没有感到任何疼痛或不适。他的背虽然不够健康，但是他的大脑很坚强。

我也见过肌肉健硕的男性，因为剧烈的背痛而直不起身，看了一个又一个医生，没有人能找出引发他背痛的生理原因。为了让自己的力量欠缺看起来合理一些，这些“强大”的男性经常要求医生给自己做探查手术，来寻找其他检查中没有发现的受压神经，但是绝大多数这类探查手术最后都一无所获。在一个很典型的病例中，面对一无所获的结果，病人会很直接地问：“医生，这种疼痛到底是哪里引起的？”在医生回答前，他又说：“我们都知道，这总不会是我脑袋里凭空想出来的吧！”这种痛苦如此真实，而病人看起来又是如此强大，任何人都很难相信这是身心性疼痛。但事实确实如此。我见过一个病人做了四次探查手术，最终医生和病人都选择放弃，但是那一系列手术已经给他造成了很严重的疼痛和伤残。最终，病人的“选择”得以证实。以上也同样适用于十二指肠溃疡、回肠炎、结膜炎，以及与消化器官有关的多数病痛。

这不是说你不应该去看医生，或是不应该仔细检查是否真的得了阑尾炎或者其他疾病，但如果检查结果是阴性，这一“好消息”不仅不会减轻疼痛，反而有时会让疼痛加剧。面对自己的力量欠缺，你自认为无法处理，于是选择继续承受痛苦。一方面你在拼命试图向医生证明问题不在你自己而在他，另一方面你也在向自己证明这一点。本书的目的并不是解决具体的身心性疾病，但是这类问题数量确实很多。例如从某种程度来说，关节炎就是种身心性疾病，其他诸如高血压、鼻窦炎、哮喘，甚至连冠心病都有可能是身心性疾病，因为很多冠心病患者都很拼命，但是没有成功地实现自己的抱负。这里并不否认即使不进行心理治疗，也应该进行身体治疗这一观点。

我们必须明白，很多人愿意花大价钱来治病，以避免面对自己没有能力寻找幸福的现实。有时一些高强度的治疗方法也无法对身心性疾病作用，比如在外科手术中切掉胃的下半部分，即分泌胃酸的那部分，因为有些人抑郁时会过度分泌胃酸，而其他保护性物质分泌不足，过多的胃酸会腐蚀十二指肠，导致溃疡。外科手术可以清除溃疡，你可能觉得这会让病人欣喜万分，但是在很多病例中，溃疡清除后，病人的抑郁反而会更加严重。文献中有很多文章描述了因为严重抑郁而自杀的案例。尽管生病很痛苦，但溃疡是病人的朋友。虽然这个“朋友”可能会危及他的生命，却能够减轻心理上的痛苦。

不过，有的时候也会有与此相反的病例，罹患很严重的疾病会让人对症状的选择变得不再必要，如果该疾病威胁到了维持生存最基本的需求，那么选择的症状就会被更严重的这种疾病取代。尽管我之前阐明了自己的观点，即从长期来看，大多数人追寻的是生活而不仅仅是生存，但是如果一个人正深陷症状类别的选择中，那么外部引起的短暂急性疾病有时会暂时“治愈”他。举个例子，当我还是住院医生时，曾在洛杉矶的退伍军人精神病医院负责病房里的54个病人。当时我每天都会查房，试着跟这些病人建立关系，为他们提供帮助，告诉他们我很关心他们。有个病人特别难相处，导致我很怕查他的床。他不但不和我握手，有时甚至会朝我吐口水，而且经常吐在我前面的地板上，还咒骂我，说如果我真是位好医生，就应该帮他治愈那折磨人的背痛。

对一位年轻而又对精神病治疗充满热情的医生来说，在处理这个自己选择发疯并深陷于此的病人时，只有热情是远远不够的。大概是七八周之后，有一天，当我常规查房查到他时，他很平和很理智地对我说：“医生，我想在你查房结束后去你办公室。”我有点儿吃惊，但还是说：“好的，没问题。”当我查房结束后，他很安静地跟着我到办公室。你可能认为我会很害怕和一个平时很有威胁性、充满敌意的人一起进办公室，但是很明显，他当时非常理智（他不得不如此），所以我当时并没有感到害怕。我带他进了我的办公室。他说：“医生，我觉得我生病了。”我问他哪里不舒服，他说：“我胸口特别疼，有点儿喘不上气。你能给我检查一下吗?”我检查他胸腔时发现,很明显地发现胸腔内部有大量积液。此外,他还发着高烧。他得了很严重的大叶性肺炎,如果不及时治疗,很可能会有生命危险。我送他去了内科病房,把他的情况告诉了那里的医生。他非常友善。因为肺炎,他一下子变得十分配合。他在内科病房治疗期间从未出现精神错乱,生存的需求暂时超越了他对于爱与价值的需求。但是不要误会,觉得用威胁生命的方法可以治愈精神错乱。顺便说一下,这一方法经常被使用,但是效果都很不理想。但如果是病人自己发现生命受到了威胁,而这又是短期的病症,那么病症就会对精神错乱有很好的瞬间治愈效果。

三周之后,这个病人的肺炎痊愈,回到了原来的病房,之后他慢慢又开始了之前发疯的行为。但在这之后,他对我很客气,会跟我握手表达感谢,不过他的背又开始痛了。因为我帮他治好了肺炎,所以他把我当人看待,但是除了这一点,他的精神状况和之前一样错乱。有意思的是,对于内科病房的人而言,他们很难理解为什么这个病人会住在精神病房,因为他看起来很理智、很配合。而我不得不在两三个月后带他们中的一些人去精神病房看了这个病人,向他们证明监禁他是理由充分的。

以上就是对于这四类症状的描述,人们会从中选择一类或几类来减轻失败带来的痛苦。在大多数病例中,这些症状最终会引导这些人因为一些问题而寻求帮助,这些问题在他人看来是突然发生在这些人身上的,而不是他们自己选择造成的。人们不断地从他人身上寻找支持,来证明这些症状不是自己的选择，问题不在自己，只是这样发生在了自己身上。我曾经在少管所工作，那儿的女孩子经常对我说，她们的问题并不在于自己是小偷或离家出走，只是因为情绪上的焦虑不安。[《西区故事》（*West Side Story*）里的滑稽歌曲“克拉基警官”就曾完美地描绘了这一看法。] 这并不意味着做出了症状选择的人不能通过精神治疗来帮助自己寻找爱与价值，但是这的确意味着我们不能受外在症状的迷惑，不能相信他“病”得太严重，无法得到帮助，也不能因为感到抱歉而不帮他自助。

就某种程度而言，没有人会力量欠缺到无法自助。他不但能自助，而且必须自助，只有这样才能解决问题。在我的另一本书《现实疗法》（*Reality Therapy*）中，我详细描述了应该如何自助，但是我在这里想解释弱者如何选择了痛苦，以及他们是如何帮助自己变得更加强大的。为了说明这一点，我将提议通过积极上瘾来获取力量，但是在我们能够理解积极上瘾之前，我首先要解释一下很常见但是一直被误解的消极上瘾。

## 消极上瘾：弱者的第三选择

对于无法寻找到爱与价值的人而言，上瘾，尤其是消极上瘾，是弱者做出的第三大选择。从最开始放弃寻找爱与价值的决定，到一种或多种症状的第二选择，以及最终的上瘾，每次选择都是减少痛苦的一步。上瘾效力强大而且难以戒除的原因在于在所有选择中，上瘾不仅可以完全解除失败带来的痛苦，而且会带来很愉悦的体验。有一种说法是，这种强烈的愉悦感来自痛苦的缓解。例如，如果把一杯冰饮给一个在沙漠中三天没有喝水的人，他肯定会欣喜若狂。我敢肯定，上瘾的人都有这样的体验，而且会比这更加强烈。无论选择哪种上瘾，都会给他带来极大的愉悦，以及终于摆脱痛苦带来的满足。首先缓解痛苦，然后享受“迸发”的愉悦，这种独一无二的体验是上瘾必不可缺的要素。

缓解的痛苦其实很具体，就是缓解无法找到爱与价值带来的痛苦。上瘾类药物同样可以缓解各种严重的心理痛苦，甚至包括对死亡的恐惧。拿吗啡来举例，这种药可被用来急救那些刚刚经历了心脏病发作的病人，帮助他们放松，除非这个心脏病病人还有其他缺陷，否则是不会对吗啡上瘾的。一旦他没有了生命危险，就不会再对药物有强烈的需求。因此，要想上瘾，必须有一种或多种症状带来的痛苦。如果这在现实中真的存在，并且存在于数以百万计的人中，那么具有缓解痛苦并带来愉悦这样独一无二功效的药物似乎有两种——酒精和海洛因。这两种药物有十分类似的同类品，而且都具有上瘾性，但是从长期经验来看，相比于其他功效偏弱的同类药物，这两者更受欢迎。

普遍而言，消极上瘾者通常是在寻找爱与价值的过程中遇到了严重挫折。在年纪很小的时候，他一般会首先选择放弃。他可能也会尝试第二选择，见诸行动一段时间，但是这对他而言并不是很有效，在这之后，他通常会转而选择抑郁或其他身心性症状。然后，他开始接触酒精或者海洛因，突然之间，不可思议的事发生了，不仅他的痛苦消失了，而且带来了一种前所未有的强烈愉悦感。就好像你是一名明星橄榄球运动员，比赛时你脚踝受伤，疼痛难忍，但是此刻教练非常需要你上场，因为这是锦标赛的决赛了。当时，无论是你还是教练都非常想赢得这场比赛，相比之下，你未来的健康就显得不那么重要了。队医给你的脚踝打了普鲁卡因[1]，痛苦随之消失。最终，你赢了这场比赛，获得了冠军，享受胜利的荣耀，但是在这过程中，你的脚踝骨折，余生只能瘸着腿走路。荣耀光环褪去后，痛苦会随之而来，而且这种痛苦会伴随你一生。

同理，上瘾者也将自己的人生撕裂；在过去与他相伴的只有痛苦，但是上瘾给他带来了“荣耀”，这种力量远超其他欲望，因此他的一生都将沉迷于上瘾的药物或行为。他依靠一种价值观生活，那就是所有促进上瘾的东西都是正确的，而其他一切都是错误的。如果上瘾的药物是违法的，比如海洛因，那么为了利用药物解除痛苦，并且享受带来的愉悦，他就会撒谎、欺骗、偷盗，更有甚者会选择杀人。

就算上瘾的药物是合法的，比如酒精，酗酒者也不会允许任何人和事阻止他喝酒。酒精会对大脑、肝脏和神经末梢带来伤害，并最终损害肠胃。而海洛因带来的损害，更多是神经系统上的。这两种药物具有相似的上瘾功效，一个人选择其中一种，可能基于药物是否易得，是否合法，以及一些个人的习惯

[1] 一种麻醉剂。——译者注

倾向，不过目前尚未有明确答案。目前我们知道的是，这些药物会给那些已经做出了第二选择并正在寻找第三选择的人缓解痛苦，带来愉悦。

尽管说所有上瘾药物都会毁掉一个人的一生有点儿夸大其词，但是毫无疑问的是，现今任何对海洛因（又贵又非法）上瘾的人都极有可能因此而毁掉自己的人生。同时也没有迹象表明，对酒精上瘾的人都能够拥有成就丰硕的人生。尽管这两者是主要的上瘾药物，但美国还有大量的食物上瘾者。这类人会一直暴饮暴食，除非变得肥胖或是胖到身体走样才会停止。用食物填满自己可以缓解痛苦，带来愉悦。我曾经有位年轻的女性病人，她觉得她的丈夫不再爱自己了，她告诉我说，当她觉得寂寞抑郁时，就会走到厨房，拿一条包在蜡纸里面的白面包，从一端撕开包装，然后机械地往嘴里一口一口地塞，直到把这条面包吃完。这明显就是一种上瘾。如果我们能帮助所有食物上瘾者戒掉这种瘾，帮助初期的患者远离这种上瘾，那么我们就能有足够的食物给世界上数以百万计挨饿的人们吃。食物上瘾者吃掉的食物总量多到难以置信。

上瘾行为至少也有一种，那就是赌博——它不但会让上瘾的赌徒输掉自己所有的钱财，甚至输掉他讨来、借来、偷来的所有钱。我并不想探讨赌徒是否想输，因为无论输赢，赌博带来的愉悦就是驱使他们继续赌博的原因。他们通常会输，因为他们从不收手，而从长期来看输的概率明显占上风。在赌博类后面，我还算上了工作狂，这些人对刺激而复杂的工作上瘾。

他们通常会在工作中取得成就——有些人获得了巨大成功，只要取得了成绩，他们就会一直对工作上瘾。而工作中的失利可能会戒除这种习惯。这种理论和赌徒想要输的理论相反，而且现实中工作上的赌徒远比拉斯维加斯的赌徒要多。我认为即便我们努力搜寻，也不会发现更多对捡垃圾或在保险公司打字上瘾的人，这证实了我的这一观点：正是赌博的边缘政策[㊀]吸引了工作狂。

次要上瘾药物（尼古丁和咖啡因）对身体健康或生活方式来说不是特别危险，对缓解严重症状的剧烈痛苦也没有很大作用。然而，无论是单用还是和其他药物一起用，这类药物都会对缓解日常生活中的紧张很有帮助，而且无论强者还是弱者，它们的功效都一样，因此几乎所有对这类药物上瘾的人都很难戒瘾。如果说上瘾就代表难以戒除的话，那么有些人会认为尼古丁是所有药物中最让人上瘾的，但是没有哪个消极上瘾者会用香烟或咖啡来代替酒精或海洛因。所以无论药物危险与否（这样看来咖啡是很安全的选择了），很少有人会用未来 30 年更健康的身体来替代当下尼古丁带来的愉悦。很多戒烟的人都表示，多年之后，他们对尼古丁的渴望依然存在。

不过需要指出的是，除了上瘾者之外，也有很多人喜欢喝酒、赌博和大量的美食。如果这些人遭遇了失败，他们就有上瘾的危险，但是大多数人都足够强大，因此这种情况发生的概

㊀ 边缘政策（brinkmanship），冷战时期用来形容一个近乎要发动战争的情况，在任何一方都不让步的状态下，为避免双方都被毁灭，唯一的方法是双方达成妥协。——译者注

率很小。超过 90% 饮酒的人都没有严重的酒精依赖，但剩下的 10% 确实是很大的一个数字。有人估计，仅在美国就有大约 1000 万的酗酒者。也有可能很多人会节制地吸食海洛因，但是因为购买海洛因违法，而且关于那些只为了获得愉悦吸食少量海洛因而又不至上瘾的数据少之又少，所以我们对这一情况不得而知。

不过，我们知道在 20 世纪六七十年代越战期间，有很多美国士兵曾吸食纯度极高的海洛因，当时人们担心当这些士兵回国后，美国国内就会出现一批新的瘾君子。但是这种情况并没有出现，这说明在压力极大、痛苦极深，难以面对现实的情况下，他们吸食海洛因只是为了获得愉悦或缓解痛苦，很有可能两者皆有。他们回家后就能重新回到正常的生活中，也就没有想要继续使用违法药物的强烈欲望。[㊀]可能如果海洛因是合法的话，他们还会继续吸食，但即便是吸食量很大，也只有一部分人会成为瘾君子。或许其中有些人开始酗酒，因为众所周知，吸食海洛因的人在戒掉海洛因之后通常会成为酗酒者。[㊁]但是我怀疑这一数字并不会很大，否则应该会有一些相关报道才对。

上瘾最明显的问题是，上瘾者因为自己的上瘾，能够不需要爱与价值生活下去，而且不用忍受无法得到这两者而带来的

㊀ D. H. Davis，D. W. Goodwin，and L. N. Robbins. " Drinking Amid Abundant IIIicit Drugs"，Archive of General Psychiaty，Vol.32，No.2（February 1975）, p.230.

㊁ Edward Brecher，" Licit and IIIicit Drugs，" *Consumers Union Report*（1972）, p.85.

痛苦。事实上，如果他的上瘾得以满足，他会很享受生活，而且对其他事物也不再有需求。上瘾之后，就自己的经历而言，他的信条是：为什么要追寻诸如爱与价值这样不堪一击的事物呢。这一前提是说维持上瘾带来的愉悦需要持续不断地供给上瘾的事物（爱与价值也是如此）。如果你的上瘾被剥夺，不但第二选择症状带来的痛苦悲惨会再次袭来，而且因为戒瘾而额外产生的身体与精神上的双重痛苦也会随之而来。酒精、海洛因以及食物上瘾都会造成身体精神上的双重痛苦，而赌博完全是精神上的痛苦，但是从实际目的来看，一旦这些上瘾被迫中止，都会带来痛苦。你会渴望你已经习惯拥有的愉悦体验，并因此感到痛苦。

正是这种痛苦，伴随着药物带来的愉悦，将上瘾者禁锢在他的瘾中。戒除不仅意味着要回到原来痛苦的症状，而且要承受戒瘾带来的额外痛苦，这就要求上瘾者必须在很短的时间内获得大量爱与价值来弥补这些痛苦。因为他在上瘾之前就无法靠自己获得足够的爱与价值，所以现在这一可能性几乎为零。这就是说，单纯地剥夺上瘾者上瘾的事物既不能削弱也不能戒除这一嗜好。酗酒者和瘾君子哪怕多年被关押在监狱，依旧会对上瘾的药物有强烈欲望。这些人唯一戒掉自己嗜好的机会就是依靠匿名戒酒协会或者戴托普村[⊖]这样的组织。就像所有成功的戒瘾组织一样，这些组织致力于为这些上瘾者提供获得爱与价值的机会，而且远比原来他自己能获得的要多，因此有了这一额外帮助，有些情况下，他能够选择不依靠药物生存。在

⊖ 著名戒毒机构。——译者注

这些组织中，他获得的爱与价值越多，恢复就会越成功。

尽管我感觉匿名戒酒协会错误地把酗酒归为了疾病，但是这一机构的确提供了很好的治疗方案，而且在我看来，这是我们目前现有最成功的戒瘾组织。戒瘾项目为酗酒者提供了密集的精神人文关怀和关心爱护，因此酗酒者可以从自己的痛苦中解脱出来，并且开始重建自己的生活，使自己能够不借助酒精而获得愉悦。尽管他对酒精的欲望没有减少，但是他从新获得的爱与价值中得到了足够的力量，从而使不酗酒成了一个可能的选择。不过，他需要终身保持组织成员的身份。很少有上瘾者能够不借助团队的支持而获得力量，让自己保持自制。对于像海洛因这样难戒的药物，最成功的组织是寄宿制——上瘾者必须在戴托普村这样的组织里住几年，甚至要终身生活在此，否则他无法获得足够的力量让自己远离毒品。这并不是说这些组织存在不足，而是说这个问题很棘手。

说上瘾者很软弱可能有点自相矛盾，因为没有人比他们工作更努力或更执着。一旦上瘾，并且受到上瘾带来愉悦的驱使，上瘾者会变得异常强大。但是这些力量都是和上瘾紧密相关的，当要寻找爱与价值时，他们似乎就一丝力量也没有了。很明显可以看出，他们记得或是能想到从爱与价值中得到的愉悦远不如从上瘾中获得的愉悦。就像那些拥有爱与价值的人，他们可以从这两者中获得很大的愉悦感，他们不仅不会上瘾（如果他们服用药物，也是很有节制的），而且无法想象自己会上瘾。因此我们可以总结说：如果上瘾者能把他投在上瘾中的努力投入到寻找爱与价值中，那么他一定能成功寻到爱与价值，但这一点正是他无法做到的。他不具备那种力量。在我看来，对他所拥有力量的最佳描述就是短期力量。他具有克服所有短期困难的力量，并借此来寻找让他上瘾的药物（我们之后会看到，这类药物也会为他提供一些力量），但是寻找爱与价值是个长期的冒险搜寻过程，这种力量他既没有也不想要。如果有捷径，那么为什么还要走更远的那条路呢？不到万不得已，他是不会选择这条路的。

最后，也是最重要的一点，寻找幸福时，我们需要他人的帮助，但是上瘾者只需要自己。上瘾者只需要靠自己，而且知道自己的瘾一定能够得到满足，因此显而易见，他一心扑在这上面。但是如果有这样一种上瘾，不但不会让你变弱，反而会让你更加强大呢？因为本书书名是《积极上瘾》，很明显，我相信这类上瘾是存在的。因此，既然我们已经明确了力量的重要性，那么我们现在就来看看积极上瘾吧。

Positive Addiction

2

# 积极上瘾

## 人们如何获得力量

1973 年的夏天，我当时在度假，读了罗杰・卡恩（Roger Kahn）的《夏日男孩》（*The Boys of Summer*）。这本书描写了 1953 年，布鲁克林道奇队获得美国职棒大联盟冠军时队伍里的队员，包括罗伊・坎培诺拉（Roy Campanella）、杰基・罗宾森（Jackie Robinson）、皮・维・瑞斯（Peewee Reese）、吉尔・哈吉斯（Gil Hodges）、都克・史耐德（Duke Snider）等人。1952 年，罗杰・卡恩当时还只是《纽约邮报》（*New York Post*）的实习记者，这本书讲述了罗杰在 1952 年和 1972 年对这些队员的采访。他曾经前往扬斯敦拜访一位队员——乔治・“猎枪”・舒巴（George “Shotgun” Shuba），在乔治的家里，罗杰曾说：“舒巴，你一直拥有的就是你那自然的挥棒动作。”舒巴笑着说：“我来告诉你一点儿关于这个的小秘密。”然后他讲述了在 16 岁时，他就下定决心成为一名职棒大联盟的球手。

他不想去扬斯敦的钢铁厂工作，尽管他家好几代人都曾在那里工作。他知道自己拥有优秀的棒球技巧，而且他很聪明地意识到，尽管下定决心要努力打进职棒大联盟，自己仍然有很长的路要走。他断定，他可能会学很多防守的技能，但是他清楚，自己必须学会大联盟水准的击球，很多专业人士说这是所有运动技巧中最难掌握的一项。他注意到，所有优秀的击球手挥棒动作都很流畅，他认为能够通过努力提升自己的挥棒动作。他在一段绳子上打上一串结，把绳子系在地下室房顶的椽子上，让这段绳子从天花板一直垂到地面。之后他就用一根加重的棒球棒，在他 16 岁之后打进职棒次级联盟到最后打进职棒大联盟这段时间，也就是打进职棒大联盟之前，他一直坚持在地下室中挥着这根加重的球棒练习，每天要练 600 下。

当我读到这段轶闻时，眼前浮现了舒巴在地下室每天挥动球棒 600 下的情形，我突然灵光一闪。我自己并不是很自律的人，那位 16 岁的少年，除了会累坏自己，在没有任何其他明确结果的前提下，因为信仰，每天挥动加重的球棒 600 下，这在我看来简直是超人才有的力量。我知道，关于人们如何自律到难以置信的程度，世界上有数不胜数的故事。我敢肯定，有些伟大的钢琴家每天会练习 16 个小时，优秀的跑者会每天跑 20 英里（约 32.2 千米），坚持多年，但是他们坚持的事情是有明确指向性的。如果乔治·舒巴当时让其他人给他发球，那么我就能更容易地想象他每天练习击球几个小时，但是他像信仰宗教一样，在地下室里年复一年地练习着挥球棒——这真的让我很感动。

我问自己：他是怎么做到的呢？他是怎么坚持下来的呢？（我曾经有位朋友采访过乔治·舒巴，证实他确实是这么做的，而且坚持了下来。）当时我脑海中想到的是，他能做到这一点，依靠的一定不仅仅是常人所说的意志力（乔治·舒巴本人也很不喜欢这个标签，他觉得这是贬义的）。如果他真的是只靠意志力，那么我不相信他能坚持这么久；一定还有一些其他的因素，但是当时我还没有任何想法。我最好的结论就是他当时对挥动球棒上瘾了。对球棒上瘾这个想法听起来有点可笑，当我和家人分享这个观点时，我们都笑了，但是我无法抛弃这个想法。

现在看来这个想法并不可笑，因为接下来的 18 个月里，我一直在思考这个观点，几乎到了痴迷的程度，我相信这就是真实发生的情况。他练习挥球棒一段时间（可能是三四个月，这段时间里他完全依靠的是自己的意志力），之后在没有意识的情况下，他逐渐对这项练习上瘾了。如果他错过了练习挥球棒，就会感觉很痛苦或很沮丧，可能有点儿焦虑和愧疚，还有点儿不适，这些就足以促使他每天练习了。而这就是典型的上瘾标志。停止进行上瘾活动时，他就会感觉痛苦，一旦恢复，痛苦也会随之消失。舒巴也证实，如果他哪天没有练习，确实会感觉很不舒服。舒巴本人比较中庸，性格坚强，能够坦然面对困难，因此他用了“不舒服”这个词，在我看来，这种感觉应该远比此更让人难受。

我相信舒巴有种温和的积极上瘾，他相信练习挥棒能帮助自己，我认为这项活动不仅在体能上帮助他成为一名更优秀的击球手，同时也帮助他在精神上获得了更多的力量，支撑他一路拼搏，打进职棒大联盟。

1973 年，当我再次思考这个问题时，距离得出积极上瘾概念仍有一段距离，就像我在本章描述的那样。我的第一个观察结果是，消极上瘾会消耗除了上瘾领域之外你生活中所有部分的力量，而积极上瘾与之相反，它会增加精神力量，现在看来这一观点仍然正确。例如，酗酒者对酒精的需求很强烈，但是对其他事物就没有很强的需求。消极上瘾者完全困在与自己的瘾中，很早就放弃了寻找爱与价值。积极上瘾者享受他的瘾，但这种上瘾并不会主导他的生活。他从积极上瘾中获得了精神力量，并借助这些力量来帮助自己更成功地完成想要做到的事情。消极上瘾者完全为了自己上瘾的事物而活，对其他事物毫不在意，而且对这样的生活很满意；积极上瘾者与此不同，他们利用那些额外力量去获得更多的爱、价值、愉悦和意义，概括来说，就是获得更多对生活的热爱。

积极上瘾尤为重要，是因为所有人都可以依靠自己通过这种方式获得力量。其他任何获得力量的方式都需要别人帮助，无论是获得更多的爱还是认可，但是不管你多么寂寞或多么无用，只要你能积极上瘾，就可以获得力量，然后就能利用这些力量去获得更多的爱与价值。因为大多数弱者都缺乏爱和友情，这些人就无法通过主要的方式来自助，因此陷入了软弱的恶性循环中。而如果我们能通过学习积极上瘾来打破这一恶性循环，在我看来，有数以百万计的人的确可以做到这点，那么无论是弱者还是强者，无论他现在是否拥有友情或认可，都可以变得更加强大。

就在我思考舒巴打进大联盟，部分原因是他挥动加重的球棒时，我几乎立刻想到了一位好友的两个儿子，20 世纪 60 年代初，他们二人刚上大学，正在经历那个阶段常见的存在焦虑。他们的关注点在“这些有什么意义”“这将引领我走向何方”“做这些真的有价值吗？还是要选择其他的路”这些问题上，这一情况让他们的父亲很担心，于是他找到我，向我寻求建议。我很了解他，也很了解他的儿子，而且知道他和他妻子是很好的父母。我们没有谈论很多，我只是说："你有权利替他们担心，但我觉得不论是这件事还是其他事，都会慢慢好起来的。"这建议对焦虑的父母而言可能并没有什么帮助，但是如果父母很高效，那么通常这种建议都很可靠。几个月后，我朋友告诉我说，他的两个儿子都开始练习超觉静坐[㊀]，由玛哈瑞诗·玛哈士·优济（Maharishi Mahesh Yogi）大师传授，而且他们很诚心，对这项活动很有热情，最重要的是，这似乎帮助他们在大学里安下心来。

当时我并不相信静坐的内在价值。因为不了解，所以我对静坐持怀疑态度，但是我的确说过，任何自我强加的约束行为都有好处，而且毫无疑问，这也不会对他们造成任何伤害。我当时认为静坐只是他们一时兴起，很快就会消退，但是他的两个儿子不仅没有把静坐当成追赶的一种潮流，而且对静坐的喜爱也并没有消退。他们继续坚持静坐：两个人现在仍在定期静坐，两人的个人生活也过得非常精彩。他们很强大，而且他们认为自己力量中很大一部分是从静坐中获得的，现在我也这样认为。今天，在我看来，静坐，无论是不是超觉，都是一种形式，一种积极上瘾的精神形式，而不是外在表现的形式。

最近，当我和他们其中一位谈论积极上瘾这一概念时，他

---

㊀ 静坐源于印度，是古印度高僧日常修行的一种方法。印度裔物理学家玛哈瑞诗把印度古老的健身养性之术瑜伽同现代物理学中的统一场论结合起来，创立了一种全新的静坐法，即超觉静坐。——译者注

证实，无论是他自己还是他认识的其他静坐者，都有过这样的体验：如果他们哪天没有按预期静坐，就会觉得易怒、不适、愧疚，甚至反胃。他们每两天就会诚心静坐二三十分钟，通常是在早上和下午的固定时间，严格遵守玛哈瑞诗大师的指导。有的时候他们会静坐久一些，但是绝不会静坐一整天，也不会超过舒巴每天练习挥棒的时间，因此最开始我就认为，不管积极上瘾的内容是什么，都不会是让你一整天都在做的事。这不像寻找海洛因、喝酒或者赌博一样，会占据你的全部时间。而是你只会花合理的时间在上面，通常是每天一小时。

这似乎足够清楚了，但是我仍然有很多需要学习的地方，因为我既不静坐，也不打棒球。我不这么做的原因，或者至少是我这么对自己说的原因，就是这些活动感觉太费力太无聊了，我都无法想象自己能有开始做的自律，更不要说坚持下去了。因此，我对积极上瘾的第一印象是：这肯定不是一种轻松的体验，在这一过程中肯定要克服痛苦，忍受无聊。这种老式的清教徒道德仍在我们之中存在，并在我的第一印象中占据了上风，即所有能给你带来好处的事物，其本身必定会带来痛苦，这种旧有的“吃菠菜长力气”[⊖]形式的思维仍然存在于我们很多人的头脑中。

但是这些静坐者却说静坐本身也充满愉悦；他们几乎从

[⊖] 菠菜虽有益健康，但西方很多孩子不喜欢吃菠菜，因此西方父母常教育孩子说“吃菠菜长力气”，即为了获得好处，要选择忍受一些痛苦。——译者注

刚开始静坐时就会体会到这种愉悦，有时第一次静坐就会有所体会。这些人说，随着你逐渐喜欢上静坐，并开始精通，静坐带给你的愉悦也会增加。他们坚持认为，只要正确地静坐，就不会有任何不适的感觉。我很吹毛求疵，于是又问了很多静坐者，既然静坐能给他们带来这么多愉悦，为什么他们不整天静坐，他们说："这不是重点，这不是那种你想要整天做的事情。"静坐是为了在生活的其他时间享受它带来的好处；如果你整天静坐的话就没有意义了，一天两次，每次 20 分钟，就完全足够了。试想一下，舒巴挥动一次球棒要五六秒，那么他一天练习 600 次，就需要花费 3 万～3.6 万秒，也就是 50～60 分钟。

随着我学到更多的积极上瘾形式，我感觉每天 1 小时是合理的时间分配。因此，如果那些人想要积极上瘾，但又不愿意每天花 40 分钟～1 小时的时间在这上面的话，那么很有可能无论尝试什么形式的上瘾，都不会成功。当然，也有一些人会在他们的积极上瘾上花费更多时间，但是很少有人能每天只用少于 40～60 分钟的时间就可以形成积极上瘾，无论是一次还是分成两次，不过通常不超过两次。

这样看来，我比较倾向于接受每天 1 小时，但是我仍不能接受"静坐或其他任何形式的积极上瘾本身是很让人愉悦"的这一现实。我知道，我接触的这些静坐者几乎都是传教者，就像那些宣传自己事情的人一样，他们夸大优点，而且不愿意告诉我静坐很无聊这一事实。因为我这种"忍受无聊"的看法，于是在第二年冬天，我开始从我经常谈话的受众中寻求他们关于积极上瘾的反应。

在常规谈话之后，我会对积极上瘾做个简短的描述，然后问他们，如果有谁觉得自己有积极上瘾，请在结束后和我面谈，告诉我他们的经历。在加州尔湾市，有个 30 岁左右的男性，身着僧袍，很有魅力，他朝我走来，说："我觉得我有种积极上瘾。我每天都会唱赞美诗一个小时。"我看着他，没明白他确切的意思，之后他告诉我说："我之前是个酒鬼，嗜酒如命，眼看我的人生前功尽弃，于是我决定做点什么。酗酒完全毁了我的人生。"

某种程度上，他还是没有解释自己是如何下定决心，又是如何开始唱赞美诗的。我们谈到了定时唱诗的格列高利僧侣，但他不认为这是他开始唱诗的原因。他本人并不清楚。他知道的就是他开始每天唱诗一小时。而且在他唱诗之后，他说："我开始振作起来了。我开始获得力量，也不喝酒了。还有一些人受到我的吸引，来投奔我，现在我都可以开一家修道院了。"看他穿着僧袍，精气神十足，我知道他的修道院也一定很成功。他说："我们做得很好。我现在过的就是我期待中完满的生活，我再也没喝过一滴酒。"我说："那你现在还坚持唱诗吗？"他回答道："每天一小时。"我问："你喜欢唱诗吗？"他笑了笑，说："不喜欢。"

正是这句话"不喜欢"，再加上我之前一直有的那种很强烈的想法（即积极上瘾某种程度上肯定是会带来不适），让我有段时间认为积极上瘾者真的不喜欢他们上瘾的事物（尽管静坐者否定这一点），因为和消极上瘾者相反，积极上瘾者会因为带来的好处而坚持下去，虽然在过程中会产生一些不适。我不想放弃这个观点，因为似乎它很简洁到位——消极上瘾让人感觉很好，但最终会造成伤害，积极上瘾会让人感觉不适，但会带来好处。而这位由酗酒者转变而来的僧侣再次加深了这一总结，我问他："如果你讨厌唱诗，为什么还一直坚持呢？"他说："我上瘾了，如果不唱诗，我会感觉更难受。"他形容这种感觉有时就像他戒酒时那么痛苦。这看起来非常符合逻辑，所以我很想相信这种观点，于是就没有继续深入询问。

如果现在我可以再问他的话，我相信我会发现，尽管他并不是完全依靠唱诗这一行为戒酒的，就像我怀疑舒巴并不那么享受挥棒一样，但他的大脑中有些活动在发生，让他感觉特别愉悦，足够抵消上瘾活动过程中带来的无聊。我认为在积极上瘾者大脑中发生的活动，会让人感觉极度愉悦，这种体验对积极上瘾者来说非常重要，而这种愉悦感并不易得，也不能通过其他方式获得。尽管活动本身可能会很枯燥无聊，但是随着活动的进行，通常是在活动结束之后，会产生一种精神愉悦的效果，这会让整个活动体验变得特别令人愉快，也因此会让人上瘾。

就是在这个阶段，我设计了一份简短的问卷，用来探讨积极上瘾。首先，我会描述一下我当时对积极上瘾的了解，之后会请受众中认为自己有积极上瘾的人来填写问卷。有很多人填写了问卷，人数远超我的预计。虽然这其中有些人并不符合我现在对积极上瘾的定义，但还是有不少人完全符合。

填写问卷的人中，有很多跑者，当时我对他们只有隐约的意识。但是随着调查的深入和填写问卷人数的增加，我发现北美地区跑者遍地，这些人每天都跑至少 1 小时，有些人会竞技性地跑步，不过大部分都不是。这些跑者几乎都对跑步上瘾。我之前从来没有太关注过跑者。我知道有这样的人，因为有时我早起出门赶飞机时会遇到他们在外面跑步。他们大多在我住所附近的一条林荫道上跑步，似乎那里很吸引他们。这些人中大部分看起来都很痛苦，我之后还了解到，他们中很多人几乎天天不落地跑步。到底是什么让这些人选择跑步呢？我猜想他们最开始跑步是想锻炼身体、保持身材，或者保持健康，也可能是想预防心脏病，但是如果只能得到这些好处的话，我觉得不会有这么多人完成这种纯自发的自我提升活动，更不用说这一过程中还充满痛苦，无聊又寂寞。

我并不是说保持良好的身材并不值得人们去努力，但是我认为他们一定要从中收获更多，因为如果坚持完成这种痛苦又吃力的活动，只是为了在 20 年后不得心脏病，而且这个回报还是不确定的，那么在我看来这是不可能的。就算是当下就可以得到身材苗条、身体强壮的回报，对我而言也似乎毫无激励作用，所以在我看来这也不是根本原因。我本人是靠打网球来保持身材的，这可比在早饭前跑步跑到吐有趣，或者至少对我来说是这样的。

驱使跑者坚持跑步的线索来自一位多伦多的男性，当我谈论积极上瘾时，他举手说："我想跟您谈一下我的上瘾。"他 60 岁左右，身材精瘦，表达清晰。他说："我对跑步上瘾。"他说自己坚持跑步有差不多 7 年了，几乎天天都跑，去年只有两天没跑，因为当时下大雪，雪太厚，连门都出不去。那几天他就在屋子里跑步，但是这和在室外跑步很不一样。我问："如果你不跑步会怎么样呢？"他说："如果不跑，我就会感觉特别难过，所以我没有其他选择，我必须出门跑步，因为我不想感觉难过。"他接着说，"如果我早上没法跑步，下午或者晚上一定会跑。"但是他坦言，自己更喜欢早上用跑步开启新的一天。这种情况在跑者中很普遍；他们中的大多数都喜欢在早上跑步。他都是自己跑步，不想和其他人一起。他说有时别的跑者也会试图和他一起跑，但是他会选择离开，这是一个很重要的点，我之后会解释。

他似乎印证了我当时的大部分想法，我从中第一次窥见了所有积极上瘾的真实本质——积极上瘾心理状态。我得以发现是在他说他跑步时只有一个问题——跑步很危险。他说这句话的时候，屋子里的所有人都看向他，然后很多人都笑了。我问："早上起来第一件事就是出门跑一小时，这在多伦多很危险吗？"他解释说，几乎每天跑步的时候，他都会沉浸在一种出神的精神状态中。他对此的描述是："我会放飞我的思绪，当我真正享受跑步时（这个词在跑步上瘾者中普遍使用），我就会忽略周围的环境。我会横穿街道，闯红灯，还有几次我差点儿被车撞到。”之后他又讲了自己在跑步时如何小心谨慎，因为他几乎每次都会达到这种精神状态。我们讨论了更多他的这种体验，他说这似乎是放飞思绪、让大脑自由运转的过程。他说：“你的思绪既在也不在——这是一种超觉而有点出神的状态。”

当时我已经和很多具有外在积极上瘾的人进行了谈话，包括跑者和其他人，几乎每个人都描述过这种心理状态，这种出神超觉的状态与上瘾性的锻炼相伴而生。我现在认为这种积极上瘾的心理状态就是锻炼的人直接达到，而静坐者想要直接达到的一种状态。这就是积极上瘾的核心（同时也是消极上瘾的核心，关于这点我会在第 3 章进行解释）。我认为僧侣在诵诗时经常能达到这种状态，舒巴在练习挥棒时也会常常达到。

无论这是什么，也无论是通过什么方式达到的，几乎所有人将这种状态形容为极其愉悦，让人非常放松；尽管他们很难用语言表述这种体验，但是所有人都认为他们达到了这种状态，而且不管这种状态是什么，都会让人感觉特别舒服。他们还说，除了自己上瘾的活动外，很难通过其他方式达到这种状态。

1973 年 3 月，《今日心理学》（*Psychology Today*）刊登了一篇关于锻炼的文章。[㊀]作者在普渡大学随机招募了一大批经

---

㊀ A.H.Ismail and L.E.Trachtman. “Jogging the Imagination,” *Psychology Today*.Vol.6，No.10（March 1973），pp.78-82.

常久坐的中年人，进行为期 3 个月有每日训练计划的项目，目的是想看看这个项目能否增强他们的体质。为了检测被试者的身体状况，他们不仅会接受实验前和实验后的身体检查，还会做一些前期和后期的心理测评。

我对结果很感兴趣，于是写信给指导该项目的伊斯梅尔（Ismail）教授询问结果。他说参加项目的人中没有人对任何锻炼形式上瘾，也就是说，参加项目的人中没有人在项目结束后还坚持每天至少锻炼 1 小时。大约有 4 个被试者在项目结束后还在继续锻炼，但是每次只进行半小时左右，而且每周不超过 3 次。虽然没有上瘾，但是这一包括了大量跑步活动的项目也对被试者产生了影响，在为期 3 个月的项目结束后，研究人员对被试者进行了心理测评，其中两项结果让文章作者很是困惑。这些人在自信、想象力以及非特异性内疚方面的评分都有所提高，非特异性内疚是指人们感到内疚但自己并不清楚具体什么事情导致的。因为这些人确实增强了体质，所以作者认为自信提升是在预料之中的。想象力的提升虽然不在预计之中，但是也可以说得通的，不过对于内疚感的增加，他们却完全无法解释。

在我看来，如果他们自信增加了，那么他们就会拥有更多的精神力量，而想象力的提升可以看作精神力量提升的一部分。可以肯定的是，活跃的想象力是那些最强大最自信的人群完满充足生活中必不可缺的一部分。这也并不是很难解释，但是如果作者对积极上瘾有所了解的话，就可以预期到内疚感的增加。

尽管被试者没有一人对锻炼上瘾，但是在锻炼的过程中，很多人都体会了积极上瘾的心理状态。他们开始感到自己的思绪自由飞翔，这一过程很短暂，也可能很偶然，却是美好一天中锻炼带来的一部分。他们并不会经常体会到这点，因为这个项目本身并不是为了让他们产生积极上瘾的，关于这点我之后会进行更详细的解释。

这是群组项目，有人指导，而且参加的人某种程度上是被强制做运动的。但是他们的思绪确实在很短的时间里得以放飞，而这足以让他们体会短暂的积极上瘾心理状态，当项目结束，他们会感觉内疚是因为尽管他们不清楚，但是感受到了自己正在远离能带来潜在愉悦和巨大价值的事物。因为这是一个为期三个月的项目，项目结束时，和大多数人一样，他们也放弃了继续锻炼。也有一些人会继续锻炼，就像我之前说的，完全是个人的自愿行为，但是并没有达到我所说的积极上瘾的程度。我确信他们的主要动机是努力保持已经得到的身体上的好处，但是他们可能从未真正体验过，哪怕只是转瞬即逝的潜在精神益处。

不过这种积极上瘾带来的感觉，足以解释心理测评中内疚感的增加。如果这些人是自己决定要锻炼的，那么他们很可能会成为积极上瘾者，但是实际上他们锻炼是为了项目，因此这就设定了界限。当项目结束，他们就不再锻炼。这和舒巴、僧侣、静坐者，或是多伦多的跑者都不同，后者都是自己决定做一件事的。因此在我看来，要想形成积极上瘾，就要有个人动机，如果你只是参加项目，那么和你自己下决心要做一件事相比，上瘾的可能性就会小很多。如果玛哈瑞诗举办课程，让人们在一起静坐，那么我认为这几乎行不通。他教授大家静坐过程，但是能否到达超觉状态取决于静坐者个人。他有种东方神秘主义的色彩，比如供奉鲜花水果，但是无论这些是否重要（不过我认为这些并不重要），他都要确保学生学会自己静坐。因此，我认为另一个积极上瘾的关键因素是：无论积极上瘾的状态如何，只要是你自己决定要做，而且是独立完成的，都会更容易形成积极上瘾。

积极上瘾不是一项集体活动。尽管人们确实会进行一些集体活动，比如一起跑步，但是他们必须自己完成才能达到想要的状态。这并不是说集体跑步不是一项令人愉快的社交活动，但是这种情况下很少有人能达到积极上瘾心理状态。积极上瘾心理状态是个人体验而非群体体验，至于原因，我接下来会进行解释。

一个更进一步的发现是，形成积极上瘾是需要时间的，或许比一个人形成消极上瘾的时间要长，而且很可能只有这一种形成方式。不过，如果你把在形成消极上瘾前那些年来承受的失败、痛苦和各种症状都算进来，那么形成积极上瘾可能更快。无论参加的活动是什么，积极上瘾通常不会在6个月内形成，有些跑者和静坐者说他们花了两年的时间才形成上瘾。这里必须要说明的是，并非所有尝试潜在积极上瘾活动（比如静坐或者跑步）的人都会形成积极上瘾。必须信念坚定地持续很长一段时间，而大多数人都没有那么坚定的信念。

有趣的是，无论能否规律地达到积极上瘾的心理状态，大多数积极上瘾活动都会在短时间内产生益处，我之后会对此详细阐述。基于此，很多静坐的人能够坚持下去，因为静坐不像跑步，不需要太多的努力。不过，只有对静坐上瘾才会获得最大好处，只有10%左右的静坐者能够达到积极上瘾的心理状态。但是因为静坐者人数众多，因此他们仍是积极上瘾者中占比最大的一类。

还有另外一大类人我也有一些数据，那就是跑者，对他们来说也至少需要6个月时间，大多数跑者要坚持跑一年才能达到积极上瘾状态。这就意味着他们必须忍受跑步的痛苦，坚守跑步会给他们身体带来好处的信仰，因为在他们跑得足够久达到积极上瘾状态之前，对这种独特的精神体验并没有清晰的概念。其他跑者可能也听过类似情况，但是听说和亲身体验是完全不同的两件事情，普遍来说，跑者并不会谈论很多这类的跑步体验。一部分原因是他们没有清晰地认识到这种体验到底是什么；另外，这种体验很难描述。

很多人确实有过这种体验，但不愿说的原因是他们认为其他没有类似体验的人会觉得他们有点疯癫。不跑步的人很难把跑步当作一种精神享受。除此之外，通过跑步达到积极上瘾状态需要很长时间，因此我对这种很久之后才能获得的精神好处能否激励跑者持怀疑态度。他们开始跑步是为了好身材，就算额外产生了积极上瘾，就像我之前说的，这种情况发生得很慢，所以很多人都意识不到自己身上发生了什么。他们知道的只是这种感觉很好，而一旦停止跑步就会感觉痛苦。因此，开始跑步需要强大的自律或很多力量（比静坐需要的力量多很多），但是如果你坚持跑一年，而且大部分时间都在独自跑步，如果你每天早起 1 小时跑 6～8 英里（约 9.7～12.9 千米），或者更长距离，那么你很可能会对跑步形成积极上瘾。一旦积极上瘾形成，你就可能想跑多久就跑多久。跑者中 80 多岁的人并不少见。

跑步虽然很难，但是那些坚持下来的人几乎都会产生上瘾，静坐则简单些，也就不那么容易上瘾，但无论是跑步还是静坐，很重要的一点是，积极上瘾就像生活中所有好的事物一样，最接纳拥有力量并坚持不懈的人。为了达到积极上瘾状态，对自己做出承诺，坚持一段时间来完成上瘾的事物需要力量——而且必须真的是对自己承诺，而不是对其他人。

尽管看起来通过静坐达到积极上瘾状态比跑步需要的力量要少，但事实可能并非如此。很可能静坐需要不同类型的力量，而对弱者而言，这种力量并不比体育锻炼需要的力量更易获得。还有一种可能是，所有人并不是通过同一种方式达到积极上瘾状态的。有些人可能只能通过静坐，有些人则通过跑步，另外一些人通过其他方式。之后，我会探讨自我批评与积极上瘾之间的关系，有些人更容易通过体力活动而不是脑力活动达到积极上瘾状态，这其中也有一定原因。然而，我怀疑跑步确实需要更多力量，对那些想要达到积极上瘾状态但是容易轻言放弃的人，我会建议他们选择静坐而不是跑步、游泳、骑行或其他费力的体力活动。

总而言之，在这个阶段，我可以说积极上瘾是人们选择做的体力活动或脑力活动。他们认为这对自己有些价值，而这也是他们能自己完成的事情。在他们看来，这些事情会产生足够多的价值，因此值得他们每天投入一小时的时间在上面，可能是一次或分多次完成，但通常不会超过两次。他们认为自己会逐渐精通这种活动，因为如果他们无法预见自己的水平能得到提高，就不会坚持到达到积极上瘾的状态。这种活动必须要有内在的价值，所以他们才能坚持足够长的时间来达到积极上瘾状态，在很多案例中都需要一年的时间。一旦他们形成积极上瘾，积极上瘾状态就很容易辨别了，因为如果他们试图暂停活动，就会因此承受痛苦、难受、不适、焦虑或者内疚，而这只有通过恢复活动才能得以缓解消除。就像消极上瘾者一样，只要能力足够，他们就会坚持下去，但不同于消极上瘾者的是，他们没有理由去试图戒除积极上瘾——不仅因为这会给他们带来极度的快乐，还因为这会给他们带来力量。

既然我已经建立了积极上瘾基本的标准，那么就需要解释很多其他的问题。比如这种情况是如何发生的？几个月的跑步或静坐确实会让我们的大脑独自运转思绪放飞，那么之后会怎样呢？我认为无论是静坐、跑步、瑜伽还是游泳，一定有一种统一的因素可以导致积极上瘾。在我意识到积极上瘾这一概念大概一年后，我偶然发现一个要素，我认为这一要素不但是积极上瘾的关键，而且与我们之后的生活密切相关。下面让我解释一下这是如何发生的，之后我会给出一些证据来证明。

在我寻找这一要素的过程中，我的一位朋友知道我打网球，于是送了本《身心合一的奇迹力量》（*The Inner Game of Tennis*）给我，这是一本很特别的网球自学书，作者提摩西·加尔韦（W. Timothy Gallwey）在书里从禅的角度解释了一种练习网球的方法。我在读的过程中发现，他书中描述的就是我当时正在寻找的，尽管他似乎并没有完全意识到这一要素有多么重要。我认为其重要性不仅体现在打网球上，也体现在习得其他技巧上，尤其是在习得任何形式的积极上瘾上。

他首先将一般的网球运动员描述为那些去球场努力打好球的人。如果认真的话，他还会上一些训练课，会读几本关于网球的书来提升自己的水平。作者说，即使是优秀的网球运动员在打了几年球之后达到了个人水平的巅峰（对专业运动员来说通常需要10～12年），但之后无论他再怎么上课读书都无法再大幅提升自己的竞技水平。大多数运动员和许多教练都认为这种巅峰状态是确定的，而且主要是由于身体限制而不是精神限制。这些运动员可能努力来提高自己的巅峰水平（如果做不到，很多职业教练就会放弃他们），但是他们并没有抱很大希望，而且结果也总是不尽如人意。《身心合一的奇迹力量》中就认为，运动员更多是受制于精神而不是身体的耐力和技巧。他在书中描述到，在教了无数堂课之后，他发现学生一旦有了坏习惯，普通课程对他们便不再有用——事实是，坏习惯多的话，还会给学生自身造成伤害。

在网球运动中，普通老师会一直强调拉拍要高，拉拍要低，手腕要紧张，手腕要放松，屈臂，迎球，后撤，随挥[⊖]，球拍迅速复位，慢一点，远一点，注意脚部动作——每堂课都充满了批评性的指导，你要做什么，不要做什么，但这些只是给学生徒增了苦恼。作者注意到，他的传统指导方法一次又一次地不起作用，于是他开始教导并提倡一种完全不同的教学方法，他把这种方法称为禅宗网球或内在游戏。

以前他会一直尝试改掉学生一系列复杂动作中的错误，来让他们做出很流畅的挥拍动作，而这些系列动作并不适合被单独分解开来纠正。他的新方法和之前的完全不同，他让学生只是努力打出一记漂亮的球，尽可能不要想在这一过程中自己的具体动作。他建议学生观察教练，也可以在现场或通过电视观看其他优秀运动员的动作，但是不要有任何模仿的想法，而只是沉着平静地观察，这样专业运动员做得好的地方会留在学生的脑海里。作者通过展示和鼓励来教学，从来不批评学生，最重要的是他会试图教会学生不要自我批评。作者教会学生如何

⊖ 击到球之后的挥拍动作。——译者注

观察球的运动方向，然后在脑海中记下下一球想打到什么位置，之后就挥拍击球，击球时不要刻意去想自己的挥拍动作，尤其是不要想上次击球的位置。这样学生就会更专注于他想要击中的位置，而不是他之前打的位置。如果学生能做到这点，他的网球水平很快就会得到提高。

加尔韦的观点是：我们必须学会专注于当前的比赛，每次击球都关注当下，观察但不要让自己受到上一记球的影响，不管上一记打得好不好。我们应该努力形成一种对世间万物的超脱感，只关注当下的这一记球。击败我们的是自我批评，而不是因为用传统改进动作。我们常常因为批评自己做得不够好，而将自己限制在最后并不完美的比赛中。

作者指出，有的运动员打球时感觉自己“灵魂出窍”，不管是我个人打网球还是看其他运动的职业选手比赛，这一点在我看来都毋庸置疑。事实上，“灵魂出窍”这个词经常用来形容那些运动员，比如篮球运动员从球场的各个位置连续投球；网球选手连着几场比赛几乎每个击球都堪称完美；橄榄球四分卫每个传球都高质量；通常在比赛接近尾声时，棒球投手一次又一次把球投在准确位置，看起来不可战胜；或是高尔夫球手打得轻松又完美，打出难以置信的路径，完成了看似不可能的击球入洞。加尔韦说，当一名优秀的运动员能够让自己进入这种“出窍”状态时，他就能很好地进行当下的或禅宗的运动。这种状态不仅限于运动员。

芭蕾舞演员梅利莎·海登（Melissa Hayden）至少经历过一次，她这样描述："有天晚上，我在跳《巴洛克协奏曲》（*Concerto Barocco*），是乔治·巴兰钦（George Balanchine）的作品，浓缩了舞蹈和音乐的精华，一切都美妙极了。我的舞蹈技巧取代了舞步：乐队演奏无与伦比；拍子被唤醒被激发；其他的舞者都超越了自身，我的舞伴和我仿佛灵肉合一。那一刻我不是在跳舞。我喜不自胜，仿佛受到了音乐的驱使在跳舞，一股神秘的力量推着我，我的工作和生活中，所有之前体验过学习过的事物都汇聚于此。我从来没有在一场表演后感觉如此愉悦，如此疲惫，又如此满足。"[⊖]她优美地描述了积极上瘾心理状态充满身体的过程。这两个例子彼此完全对立又彼此相互交融。

不管是运动还是舞蹈，都变成了一种情绪，一种完美的感觉，这种感觉像满足的浪潮一般一次次从运动员流向目标，或是从舞者流向音乐，这之间没有受任何之前经历过的自我批评的影响。之后，运动员就不再用思想来比赛，因为这时他已经从自己的思想中解脱。当这种情况发生时，运动员就短暂地体会了积极上瘾的状态。非常顶级的运动员（一般人数都不多）经常能进入这种积极上瘾状态，达到这种状态后，他们就可以尽情享受比赛，因为除了对自己不俗表现显而易见的满意之外，他们还享受到了由这种特别理想的积极上瘾状态带来的

---

⊖ Melissa Hayden, "Wraparound," *Harper's Magazine*（December 1978）, p, 9.

满足感。加尔韦玩笑式地警告道，如果你遇到了这样的对手，只要问他为什么他打球打得这么好，就能让他回到自己的思想中。一旦他开始思考怎么回答，就会输掉比赛；这种状态很脆弱，难以维持。

或许很多顶级运动员成绩优秀的原因就在于他们的确达到了这种状态，而这种状态不仅大幅提升了他们的运动技巧，还赋予了他们面对竞争压力的精神力量。尽管在《身心合一的奇迹力量》中，还有很多其他关于积极上瘾很有价值的概念，但是我认为拥有不再自我批评的能力并同时提升自己（这似乎自相矛盾，但是在禅宗里并非如此）是重要因素，这可以使得人们能够定期达到积极上瘾状态，从而形成积极上瘾。因此，我相信对于所有“灵魂出窍”的人而言，要想让他的思绪在各种活动中自由转动，不管是体力还是脑力活动，他必须学会用一种非自我批评的方式来参与这项活动。

不幸的是，所有家庭教育和学校教育的影响都在妨碍我们做到这点。只有个别孩子是通过实例来学习的，大人耐心教授他们良好的行为，并且在幼年避免参加竞赛类活动。因此，大多数人在之后的人生中，即便是职业运动员，也不能避免在为胜利而竞争时不对自己的失败进行自我批评。只有最有能力的人，或者就运动领域来说是最优秀的运动员，才会达到这种状态，通常每次的时间也很短，很难长时间保持这种状态。

下面我继续用运动员作为例子，我相信很多运动员有超群的身体特性，但是很少有人能在学习技巧时发展出非自我批评的力量。因此，他们很少达到身心合一的积极上瘾状态。事实上，顶级职业运动员和普通优秀运动员之间的一个差别就是职业运动员不仅有能力忍受自我批评的痛苦（这是因为在成为顶级运动员的过程中，他学会必须忍受这些痛苦），而且能通过某种方法在这一过程中学会不受自我批评的影响。竞技运动特别让人筋疲力尽，很多运动员在未达到顶级水平、未达到个人巅峰，或是在身体还可以比赛时就早早退出竞技场（这种情况最常见于高尔夫运动员，高尔夫是一项高度自我批评的运动），选择放弃的原因是他们无法忍受持续的自我批评状态带来的痛苦，而这种自我批评状态在他们比赛失利时一定会产生。这就是为什么对我们大多数既没有强大力量也没有顶级技巧的人而言，运动或非运动的积极上瘾活动都必须是非竞争性的。

要想达到积极上瘾状态，我们不仅不能和他人竞争，而且要学会不和自己竞争。这就意味着即使我们试图提升自己也必须小心，不要在这一过程中进行自我批评。现在我们可以明白为什么多伦多的那位跑者会在其他跑相同路线的人想和他一起跑步时转身离开：他意识到自己会稍稍提速，以免被他人超越。但即便是超过和他一起跑的人，他也会感到竞争的存在。这种现象一旦出现，除非他是世界上最优秀的跑者，否则就会开始批判性地评估自己，因此失去了非自我批评的积极上瘾状态。他会跑下去，但是会感觉疲惫，即使跑“赢”了，他也失败了，因为他从这次跑步中获得的愉悦感会大打折扣。

这并不是说跑者就不能一起跑步；他们可以一起跑，而且现实中也确实在一起跑，但是他们一起跑步时必须保持很好的和谐，完全接受彼此，这种情况可能在跑者中比在其他运动员中发生的频率高，但是想做到这一点也并不简单。他们可能很享受集体跑步，但是并不会在这一过程中达到积极上瘾状态，因此他们通常一周一起跑一两次。不论他们自己是否清楚，但他们认真独自跑步的部分原因就是为了积极上瘾。

很多西方男性从小就被教育要为了胜利去竞争去拼搏，要渴望胜利，但是他们感觉只是不和其他人竞争就很难做到，更不要说不和自己竞争了，他们确立目标，密切关注自我的提升情况。在我们的文化中，这些都是非常可贵的特质，不幸的是，这些特质却会导致高血压和心脏病，尤其是当我们追求自定目标过程中遇到困难时。因为这些特质减少了达到积极上瘾状态的概率，所以对于具有自我批评倾向的人来说，跑步就成了苦差事，而且很难坚持，因为他从来跑不“赢”！只有他学会随遇而安，接纳自己，拥有信心，才会最终得到提升，才能达到积极上瘾状态。[⊖]尽管这很难，但还是有很多跑者、静坐者和其他人已经学会了达到这种状态，并且他们在享受这项活动的同时，还可以获得力量。

---

⊖ See Joe Henderson，“Run Gently，Run Long，” Booklet of the Month No.37，*Runner's World*（July 1974）.

不论我们是否希望形成积极上瘾，在我们的生活中，再怎么强调学习非自我批评的重要性也不会过头。这并不等于说我们永远不要进行自我批评，因为这会蒙蔽我们的双眼，让我们忽略那些可以很容易改正的不足之处。事实上，自我评估和自我改正是现实疗法的基础。学会进行自我批评是非常重要的，因为我们必须学会把批评集中在那些有可能改正的活动上，否则就会对自己要求过分严格，并且可能会将自己限制在失败中。例如，如果你接到一通电话，说你的父亲危在旦夕让你回家，但是你又无法及时回去，而你的余生都因为这件无法改变的事而批评自己，这将是自我毁灭性的。在这一过程中你会失去力量，而且难以有成效地生活。但是打了几轮成绩不佳的高尔夫就要放弃，一门很重要的课程没有合格就想辍学，这同样很愚蠢。

在大多数情况中，如果你足够强大，不因为痛苦而做出不理智的行为，那么总会有一些可以提升的方法。如果我们对自己要求太严格，就会有压力，会变得对自我感知过于敏感，也会变得死板，而所有这些都会带来痛苦，削弱我们的表现，让我们想要放弃，而我们一旦放弃，就会让自己陷入痛苦悲惨的失败中。积极上瘾的美妙之处在于，不管我们上瘾的是什么，它对我们而言通常都是不必要的。这是我们选择额外做的事情。没有人不论风霜雨雪都必须独自在早上六点出门跑一小时步，但是如果我们这么做，除了我们自己外还有谁会在意吗？因为我们从小接受的就是竞争性教育，所以上述做法有时会很难但正是有了这些标准，我们通过这样或那样的积极上瘾活动，真正形成非自我批评通常是很有可能的。即使我们没有达到积极上瘾状态（很多人永远也达不到），但至少进行了一项自我的活动，并且在活动中可以完全接纳自我，这也是非常重要的。我们可能达不到积极上瘾状态，但是仍会得到很多必需的平和与放松。

最后让我来讨论一下爱和性，因为有些人说这是他们的积极上瘾。尽管在一段美好的爱情关系中，我们应该而且确实经常会体会到积极上瘾状态，但是我认为很多人并不会上瘾，因为他们不能持续地或是长时间地体验。令人愉悦的身心需求和上瘾之间存在差异，爱与性属于前者而非后者。爱并不会让人上瘾，因为两性之间的爱很少会不带批评地存在，这就必然会导致自我批评，而且通常程度不浅。尽管一直处在爱里并不难，但是你对所爱之人始终保持一开始的完全接纳的态度却并非易事。随着大多数爱情的发展，因为爱情中只涉及双方，所以随着大多数爱情的发展，每位伴侣都会开始抱怨对方的缺点。这种情况可能并不多——很多爱情会持续发展，会发现获得爱的新途径，但是很少有人能一直维持那种最开始完全接纳的甜蜜状态。因此，随着爱情的发展，人们会出现一些自我怀疑和自我批评，一旦开始这么做，那么他们定期消磨在爱与性上可以形成上瘾的概率就大大降低了。

在爱情的开始阶段，都会有积极上瘾状态的痕迹，这在我们通常的体验之上又增加了愉悦的成分，在很多良好的爱情中，这种情况在一些特殊温馨的场合仍会出现。破镜重圆、争吵后的抚慰、情事、再婚，所有这些都产生了一些积极上瘾状态，但是这种情况并不会定期发生，也就不足以上瘾。因此，即使爱情很让人享受，但是这种活动和他人太过紧密，不可避免地会被你的爱人评判，所以无法形成上瘾。因为无论在多长的时间段之内，这些标准都几乎难以完全达到。我认为那些说对爱情上瘾的人一般正处在探索阶段，还没有进入关系稳定的状态，尽管稳定关系很让人愉悦，但是很少达到开始时的那种完满。

基于同样的原因，我认为任何他人做出评价的活动都不可能让人上瘾。那些并不经常见面的好朋友之中，他们之间没有情绪、财务或尽孝的依赖，所以当他们团聚时，就会让双方都体验到积极上瘾的状态。再次强调，这并不会发生得很频繁，从而让人上瘾。我并非愤世嫉俗，认为所有的爱情和友情都转瞬即逝，而是恰恰相反。但是在上述讨论的前提下，我认为人们可以拥有长久而深厚的情感，但是并不会上瘾。因此，事实上当我们探讨积极上瘾的所有存在形式时，是指那些我们可以独自进行而不需要依靠其他人的活动。

Positive Addiction

3

# 心理学中的强大与软弱

## 积极上瘾心理状态及其使我们变强大的原因

在这一章中我会解释当我们经历积极上瘾心理状态时大脑中发生的活动，以及我们是如何通过积极上瘾体验获得力量的。最佳的入手方式就是仔细观察强大的人之所以强大的原因。在我们大多数人都选择放弃和将就生活时，那些强大的人却有能力寻找爱与价值，我认为这是他们和其他人最大的区别。我们都知道一些强大的人。我们在书本、戏剧和电影中了解他们，有的是现实人物，有的是虚构角色。而他们能一直如此强大的原因就在于无论面对怎样的困难，他们都不会无计可施。弱者会倾向于放弃，然后选择一种症状来减轻自己的痛苦，或者形成消极上瘾，来获得一些愉悦感。但是强大的人不同，他们似乎从不智穷力竭。强大的人不会将自己禁锢在某种思维或行为模式中。当然，他们也会遇到困难挫折，有时甚至会持续很长时间，但是即便如此，他们也会做出弱者永远做不到的选择，那就是耐心等待、忍受痛苦和挫折，哪怕是时间很长，因为他们相信自己最终会找到走出困境的方法。

不同于弱者，强者既不会放弃，也不会因为痛苦而做出鲁莽愚蠢的行为。他们和其他人一样不喜欢痛苦，但是如果放弃会减少他们以后选择机会的话，他们是不会为了短期的解脱而将就的。强者不会做拆了东墙补西墙的事，他们会选择直面当下的现实。尽管他们的大部分力量都是通过顺利解决复杂情况习得的，但是特别强大的人还有一种特质，那就是在面对自己没经历过且没有他人支持的情形时，他们也有力量照顾好自己。看似他们被赋予了力量，让他们能在全新而陌生的环境中，就算没有他人的帮助，也可以找到解决问题的办法。我认为这种力量源自一个事实，即他们对自己大脑的力量拥有绝对的信心。他们已经学会了依靠这一复杂的思考器官来解决难题，甚至包括那些没有先例的新问题。他们可能从自身的经验中得到帮助，但并不依赖于此，而且在很多情形中，他们似乎根本都不需要这些经验。

我并不认为强者的大脑比其他人的要更胜一筹；大脑都是从 100 亿个思维神经元开始的。强者有的是一种自信感，无论面对多么严峻的情形，他们大脑中总会有一组神经元相互连接形成新的神经通路，从而在思维上提供了解决问题的选择。正如我之前所说，他们更多的是自己感觉强大，而不是明确地知道自己本身很强大，因为无论多么自信，没有人能确切地知道自己未来能拥有的力量。换句话说，尽管没有人能真的知道自己有多少潜在可用的神经通路，但是他仍可以具有强烈的愉悦感或自信。无数次的经历不断支持并强化这种感觉，也正是这种感觉，让强者就算身处艰难境地，他们的大脑也会给出解决办法，强者和弱者的区别就在于此。

这是种非常清晰的感觉。我们会很明确地知道自己是否拥有这种感觉，而且会从他人身上感受到。当我们面对一些强大的人时，如果他们和自己的立场相同，那么他的力量就是具有传染性的，也会给我们自己带来自信。和一位高手搭档打网球或打桥牌，你就可以看到自己的竞技水平会提高得非常快。而和强队竞争，竞技水平的提高就会慢很多。有时也不尽如此，因为力量一般都具有传染性，即便这种力量是和自己相对的，我们也会受到激励，从而让自己可以应对自如。强者的另外一个特点是很有魅力，但并不是说所有有魅力的人都很强大。如果他们的魅力能经历时间的考验，那么这种魅力就的确来源于力量。当然，有些人无论在生前还是死后都会对他们的同胞产生长久的影响，诸如林肯和丘吉尔这样的男性，以及海伦·凯勒和埃莉诺·罗斯福[⊖]这样的女性，这些人既有力量，也有魅力。

我认为强者大脑中的那 100 亿个神经元会相互连接形成比我们大多数人都要多的神经通路。这些神经通路不仅数量很多，而且连接方式也更为复杂，但是和我们的相比，强者的这些通路更易得。原因就在于强大的人总是有信心接纳自我。自我批评和不自信将我们阻隔在自己的大脑之外。我们都经历过这种阻隔；当我们害怕或受到惊吓时，大脑会一片空白。这和我们自我接纳而且自信时想法源源不断的情况有很大差别。因为这 100 亿个神经元连接方式的数量是无限大的，所以当我们

⊖ 埃莉诺·罗斯福（Eleanor Roosevelt，1884—1962），美国第 32 任总统富兰克林·德拉诺·罗斯福的妻子，曾为美国第一夫人，各种社会活动的积极倡导者、政治活动的热情参与者、丈夫事业的有力支持者和政治合作伙伴，提倡女权并保护穷人。——译者注

陷入困难境地时，所有潜在神经连接都穷尽的情况也是不可能发生。

在所有人为命运抗争的情形中，比如飞机或轮船失事，或是在战场上战斗，强者会有更大的生还可能性，因为他们可以在这种看似走投无路情况下创造出可选的通路。经典的动画片中描述了下面的情形——两个骨瘦如柴的人，手脚都被钉在墙上，一个对另一个说：“我的计划是这样的……”动画片用一种残酷的方式给我们讲了个笑话，他们在这种情况下是无路可走的。说话的人虽然只是有个想法，但是在他强大丰富的大脑中，他已经寻找到了一条神经通路。

我认为力量和形成的神经通路数量之间是成比例的，当我们需要的时候，这些神经通路会为我们工作。我们最开始具有的都是遗传的神经连接（是在母亲的子宫中学到的一些事情），但是对于我们大部分人来说，给大脑成长的机会越多，也就会越强大。获得超常力量的关键就是学会创造最优条件，让我们的大脑中顺利形成新的神经通路。

一个最近的例子就是巴比龙[⊖]，他学会了在自己的大脑中为新的神经通路创造出最优条件，而且基本上只靠自己大脑本身的力量就完成了自我救赎。他在同名书中讲述了自己的经历。他能抵御常人无法想象的单独拘禁，是因为他能够想出一

⊖ 巴比龙是亨利·查理尔（Henri Charriere）的绰号，他著有畅销书《巴比龙》(*Papillon*)，后被改编成电影。——译者注

种方式从长期的监禁中逃离，躲进自己的思想之中，躲进他想象中新形成并且在不断形成的神经通路中，而且这些通路栩栩如生，异常生动。他并没发疯；他很清楚自己在做什么，以及这样做的原因。和那些无法做到这点的人相比，他和现实接触更多，这一过程不仅支撑着他，而且给他带来了额外的力量。就算在不这么严重的情形下，大多数人可能都会死去，不是因为物质缺乏，而是因为他们的大脑不够强大。他们本就没有信心，这些信心会让他们努力拼搏，在这种环境中生存下来，巴比龙就是在这样的环境中被迫生存的。他不仅生存了下来，而且变得更加强大。被释放时，他可选的神经通路比刚被关进去时要多。因此，强大的人发展了更多的可选通路来解决实际问题。身处困境时，他们可以召唤这些可选通路。在他们的想象中，还有虚拟的用之不竭的通路提供，当理想的行为在现实世界中无法进行时，这些通路就会发挥作用，支撑他们。当现实世界一切顺利时，现实和想象的可选通路就为强者提供了丰富且充满激情的生活，而这是弱者从未体验过的。

强大的人不仅能找到爱与价值，而且会更享受地对待找到的爱与价值。他们对生活确实怀有热情，因为不论是在真实的还是想象的情形中，他们都能够经历更多的可能，进一步说，他们能够将真实和想象创造性地相结合。和弱者相比，他们更少依赖外界娱乐的刺激，而且很少会感觉无聊。因为强者大脑中有比弱者更多的可选通路，他们的生活异常多彩，远超弱者的想象。

还有一点很明显的是，力量可以生成力量，当他们脑中的通路增加时，力量可能会呈几何级地增加，甚至增长速度会更快。2 条通路会变成 4 条，4 条变成 16 条，16 条变成 256 条。拥有的通路越多，得到的也就越多。只要他们不自我批评（这对强者而言就好比富人破产），他们会以惊人的速度变得强大。对于这种力量的爆炸性增长，我能想到的解释就是，在最优条件下，强大的人具有像复杂的电子弹球游戏机一样的大脑，而且所有高分指示灯都在闪烁。一旦这些灯打开，球击到终点时得到的分数越来越多。同理，强大的大脑几乎总是呈开启状态，等待着被各种方式触发激活。每种方式都成了很多新方式的起点，如此传递，快速扩张，但是从不使用我们本身具备的 100 亿神经元中那些现有的潜在扩张方式。

正如我主张的观点一样，如果积极上瘾可以让我们变得强大，那么积极上瘾者的大脑和在达到积极上瘾状态之前相比，会产生更多的可选通路。当我们处于高度愉悦的积极上瘾状态时，大脑可以自由运转，我认为在这种状态中发生的是，和其他任何时间相比，我们的神经元能自由地相连，形成全新的和现有不同的复杂通路。正是这种自由运转和精神放松的积极上瘾状态，为我们大脑的成长提供了最为理想的状态。我们几乎时时刻刻都在指挥大脑，而大脑只能在发挥作用的特定区域成长。我们把特别强硬的指挥称为专注。专注是很高效的，当我们让大脑专注某件事情时，可以学到些东西。

在普通的学习中，我们创造了和学习相关的特殊新通路，当我们想要使用这些知识时，就可以召唤这些通路。新增了这些很有用的新通路后，我们会感觉愉悦，因为学到了一些我们认为很值得学的东西。如果这些新通路不会带来愉悦的话，我们也就不会有动力去学习，而不学习的话，早期人类是无法生存下来的。因此，学习带来的愉悦是最基本的生存愉悦。这种愉悦刺激着大多数人，让人有继续学习的欲望。但是这种普通直接的学习并不会让人上瘾，因为还没有达到那种愉悦程度。这样的学习太受限，目标太明确，过程太费力，太缺乏想象力，太受约束，而且除非人身安全受到威胁，否则就算我们不下力气学很多东西，日常中也不会受很多痛苦。如果我们享受学习，但是被剥夺了学习的机会（事实上这种情况几乎不可能发生，因为你可以一直学习），那么我们会感觉到痛苦，不过和戒除上瘾的痛苦完全不同。

另外，大脑自由运转时，不会受任何限制。此时大脑就好像有了内在功能，既有力量也有意愿，可以不受限制地自我生长。如果我们能不对大脑加以限制，就像我们在积极上瘾状态中做的那样，那么大脑就可以成长得更快。这就像大脑在做布朗运动[⊖]。神经元就像分子一样在没有限制的区域内自由运动，发出电子或化学试探信号，如果可以的话，就会联结形成任何可能的通路。当然，因为大脑储存了过去的经历，并且很清楚当下的压力，所以神经元一旦得到释放，就会自己形成特定的

⊖ 微小粒子表现出的无规则运动。——译者注

连接形式，试图解除来自我们过去、现在和未来预期的压力和紧张。但是当大脑自由运转，让我们进入更深层次的积极上瘾状态时，神经元做的就不只是这些了。这些神经元自己前行，接触最远的过去、现在及未来的刺激物，最终超出所有刺激和体验，形成全新的、未使用过的“处女”领域，来安排或重新安排自己的连接方式，这些连接方式和我们之前经历过的完全不同。大脑会通过偶然的通路或是基于一些很久以前被遗忘的刺激物及关联对一些事物有所体验。

心理学家所说的“即视感”就是这样一个例子，对于从未到过的地方，你有一种似曾相识的经历。因此在积极上瘾状态下，我们的神经元相连形成的全新通路或许比其他任何状态下形成的都要多，这些通路是我们能创造性地思考、写作、作曲，以及在科学上有所突破的铺垫，并且让我们有能力在日后做到这点。只有在这种积极上瘾的状态下，我们才能发挥大脑的功能，来解决新的、出乎意料的，甚至可能是难以应对的压力和紧张。我们强大的原因就在于无论如何，都能召唤出一条新形成的通路来完成任务。我特别强调铺垫，因为正是这种前期铺垫的经历（即所有新通路形成时的扩张发展），使得积极上瘾状态让人感觉愉悦。

爱因斯坦就是这种力量的典型例子。他并不是一直都对语言、抽象符号或科学符号等进行象征性思考的，教育则要求我们大部分人都要象征性思考，而且要做得很好。爱因斯坦经常超越象征符号，从空间角度思考一些观点，后来这些观点被证明几乎不可能用有限的边界来表达，而这种边界限制了多数象征性思考。爱因斯坦幼年时的老师认为他要么是哑巴，要么就是太懒，因为老师没有办法和他沟通，不知道他脑子里在想些什么。

我认为爱因斯坦经历的很多这类原始思考都是在他处于自然积极上瘾状态下（他的心不在焉是出了名的）进行的，但是对他而言，达到这种心不在焉状态是很难的，因为老师对他象征性的无能满是批评。

当这些老师抱怨时，爱因斯坦的父母很明智地让他转学到一所非传统的学校上学，在这所学校中，他受到了鼓励而非批评。在这里他被人接受，这里的思想很少固化，在这种支持的学术氛围中，他开始崭露头角。先前学校的那些老师要求学生集中注意力，将学生限制在象征性思考中，如果爱因斯坦没有转学，他很可能会成为自我批评的人，也就不会发现自己的那些天才想法了。我确信，还有其他类似思考方式很“不同”的人，但是被那些声称教育他们的体系摧毁了。这类人的数量可能不会很多，但是失去一位爱因斯坦的代价远比花在学校上的价钱要高，这些学校太过关心学生，从而扼杀了那些格格不入、“心不在焉”的学生。

尽管我已经强调了思维扩张式的积极上瘾状态带来的愉悦感，但是我并不想暗示说这种感觉很特别，其他愉悦的感觉都比不上。很明显，事实并非如此，否则的话，积极上瘾者会把自己所有的时间都用在上瘾上。大多数强大的人会享受各种愉悦的感觉，远不止积极上瘾这一种，但是我认为我们在日常生活中经历的愉悦没有一种和积极上瘾状态带来愉悦的相同。区别在于，当感觉到通常意义上的愉悦时，我们可以很容易地把这种感觉和自己正在做的事情或者周围正在发生的事情联系起来。这种感觉切实存在而且很容易理解；这种愉悦是积极的，就像性、美食或赢得奖项一样，这些愉悦都与正在发生的事情直接相连。期待带来的愉悦（比如彩票），或者偶然的好运带来的愉悦（比如在大街上捡到了 50 美元），都表明了很多可能发生的愉悦和我们做的事情或者我们的经历相关。因此，通常情况下，感觉愉悦时，我们会立刻或不久后明白我们做这件事的原因。

积极上瘾状态的愉悦是不同的。这和我们正在做或正在经历的事情并不是直接关联。它可能会和我们正在做的事情相伴出现（在积极上瘾者中这类现象总会发生），但即便是积极上瘾者，也不能让积极上瘾状态出现。积极上瘾者的瘾就是他的试验，而且通常会取得成功，来为积极上瘾的发生创造最优条件，但是人们越努力想要直接达到积极上瘾状态，就越难达到。因此，尽管积极上瘾会让人感觉愉悦，但这并不是一种可以主动获得的愉悦。积极上瘾状态的愉悦是被动产生的，完全存在于我们的大脑中。似乎当我们不考虑其他任何事物，或当我们做的事情几乎不需要精神努力时，积极上瘾状态就会发生。再次强调，我们不能主动让积极上瘾状态发生；如果可以主动发生的话，它产生的愉悦就不是被动，而是主动的了。

静坐是一种产生积极上瘾状态直接的尝试，但是静坐不一定会让积极上瘾状态发生。这就好像钓鱼——我们可以买好的渔具，去别人说有鱼的地方垂钓，但是无法让鱼咬钩。或许另一种形容方式是：当我们确实经历积极上瘾带来的特殊愉悦时，发生的只有经历本身。在发生的同时或之后，我们办事的效率得到了明显增加，主动愉悦也得到了增加，因为我们在积极上瘾状态发生的过程中获得了力量。在运动员“灵魂出窍”的例子中，他从比赛中获得的主动愉悦有所增加，因为他的表现有很明显的提升。因此，积极上瘾状态可能经常会使其他感觉、活动和经历变得更加强烈密集，但是和其他上瘾相比，积极上瘾作为一种极度愉悦但是被动而内在的“脑内”体验，仍有尚未明了的差异。

正如我已经暗示的，积极上瘾状态并不只是在积极上瘾时发生，而是时不时地发生在我们所有人身上。这种状态和爱或性相伴而生，或者是取得巨大成就后回味的一部分。我很确信，登山者在到达顶峰时就会达到这种状态。只要我们充分放松、心满意足、不自我批评，这种状态可能在任何时间发生，而且在我们再次起身打断之前，这种状态会一直维持。它带来的感觉很好，我们通常不仅不知道如何为其发生创造条件，甚至不会想到试图让它再次发生。我们接受这种状态，享受这种状态，但是一般无法把它同主动的愉悦区分开来；事实上，我们很少意识到其本质。这种状态发生时，我们也会像梅利莎·海登一样，将这种发生在大脑内的额外愉悦描述出来，甚至可能将其称为马斯洛[⊖]所说的高峰体验，但是在“自然发生状态”下，这种体验并不能不断再生。

例如，我有时做演讲会遇到反应很积极的观众，那么我陈述观点时会暂停一下，可能只有一秒。我自己也不是很清楚为什么要停一下，但是那一刻我感觉有东西在脑海中闪现。这种感觉特别美妙，但是整个过程难以察觉。出现这种感觉时，我的演讲不会受什么影响，反而让观众更加放松、更加自在、更加愉悦。有时就这样一闪而过，但有时我会突然产生一些从未有过的新奇想法或思路，而且经常与我在演讲的内容相关。如果这些想法与我演讲的内容无关，我就会把它们从脑海里清除；但如果有关，就会为我打开思路，向我展示之前从未想过的可能性。我并不知道这些想法从何而来，它们似乎是凭空出现的，让我大吃一惊，因为有些我谈论了许多年的话题已经鲜有进展。有时在上述情况发生时或在其他时间，类似情况也会发生，不过没有那么频繁而且也不完全相同。

我在演讲时，突然之间会感觉自己离开了演讲台，思绪飘向了远方，但是又没有走太远，因为我仍能听到自己的演讲还在进行（而且一般都还进行得不错）。可有那么段时间，一般是几分钟，我的思绪在其他地方。我感到自信而强大，还有种

---

⊖ 亚伯拉罕·马斯洛（Abraham H. Maslow，1908—1970）美国著名社会心理学家，他的主要成就包括提出了人本主义心理学和马斯洛需求层次理论。——译者注

幽默感，这种愉悦的感觉促使我想发笑或是讲笑话，有时我会听到自己说了好几个精彩的笑话。这些笑话都很符合当时的演讲内容，但是我并不知道这些笑话的灵感来源。这就好像是我“主要”的大脑正在倾听，而大脑的“另一部分”在负责演讲，用个不太恰当的形容就是“我在即兴发挥”。

演讲过程中，我开始拖延消磨时间，一系列新鲜的想法在脑海中层出不穷，与此同时，我在进行“灵魂出窍”式的演讲。这种情况并不经常发生，但是在 1974 年的秋天发生过，而且持续了一个多小时。那确实是一次高峰体验。我并没有对公共演讲上瘾，但是和其他事情相比，我更喜欢演讲，不仅因为反应积极的观众带给我实质的愉悦，还因为我刚刚描述的那种无形的积极上瘾情况。这种情况只会发生在我面对反应积极的观众时，这类观众不会对我演讲的内容进行批判。如果我面对的是这样的观众，而且我自己很放松，感觉很自信，时间也很充足，这种情况就可能会发生。

在过去一年中，这种情况发生得很频繁，我能够感受到它的到来，就像我之前说的，当这种情况发生时，我的演讲会比平常更加精彩出色。很明显，我需要不会批评我的观众来鼓励我，让我进入这种状态。当我面对反应不积极或是非常挑剔的观众时，当我赶时间或是特别疲惫时，我在演讲时会感到很吃力，而且效果也不是很好。

我写作的时候，这种情况也会发生，不过没有那么频繁。

我努力不进行自我批评，但是很难做到。我对给他人展示我的作品也很敏感，因为如果他们批评我的作品，那么在很长时间内我就无法从中获得这种感觉，或许到写作完成都不会再次体会到了。即便我不给他人展示我的作品，这种敏感也是一种自我批评，而且我很确定这会阻止积极上瘾状态的发生。一旦我最近写的东西遭到了批评，除非我很确信批评者只是在帮助我，而且我也能够修正自己的作品，否则这会让我自我封闭、失去灵感。因为即便是瞬间的积极上瘾状态，对我的写作而言也是很有价值的，我会在给别人看之前花很长时间来进行写作。到那时，我希望我已经对写作的内容有了足够的信心，因此也会不再那么敏感。

不管你多么成功，创作都是很脆弱的。你会特别需要积极上瘾状态，放飞自己的思绪进行创作，但同时也需要其他人支持你继续前行。在创作性写作的初稿中，大部分内容都是胡言乱语，你会陷入一种两难境地，你希望有人拍拍你的背鼓励你，让你可以继续坚持下去；而如果得不到鼓励和安慰，你就会有怀疑自己的风险。一旦怀疑的种子播下，你就会忘记积极上瘾状态，而且很长时间，甚至永远不会再出现。

进一步反思，演讲时，我感觉自己像一名专业运动员，偶尔会在比赛中“灵魂出窍”。但是如果我努力让这种情况发生，努力让自己变得更加有创造性，或是特意努力让自己更好笑，那么这种特殊的情况甚至都不会冒头。就是那种“变得有创造性”的行为，阻碍了这种情况的发生。这种阻碍会让职业喜剧演员发疯，因为只有不受自己预先准备笑话的影响，他们才能真正幽默起来。如果偏离了脚本，他们可能会完全失败，这会导致积极上瘾状态不再发生，而只有在积极上瘾状态中，他们才能达到自己的巅峰。我很享受让观众发笑，但是我很感激我不需要必须搞笑。正是这种想要不断达到巅峰的压力让小丑扮演者如此难过。不过，我确实也会努力创造积极上瘾状态发生的环境，尽我所能，准备尽量充分。

我充分学习演讲主题的相关知识，但是不去构思实际演讲的内容。过去十年间，我甚至不再用笔记了。我坐下来，放松自己，也让观众放松下来（我发现如果我站着演讲，积极上瘾状态几乎不会发生）。一旦我能做到这点（演讲的开始总是最难的），就会让演讲“进行下去”。之后，如果一切顺利，如果演讲开始“进行”，有时积极上瘾状态就会发生，一切也都会随之变得更好。这就好像你忘记一些事情，然后再努力回想，感觉那件事就在你的嘴边。如果你能放松下来，放飞思绪，突然之间，记忆就凭空出现了。在面对观众演讲时，积极上瘾状态就是这样在我身上出现的。

很明显，要想进入最大程度的积极上瘾状态，你必须要做的就是熟悉演讲主题，然后相信：那些你自信能做到的事情，你的大脑会很好地完成。

这一点很难做到，因为你的大脑想要参与其中。按照传统的道德观念，我们应该努力工作，一刻也不能放松，确保面面俱到；此时如果你按我之前说的做，就会觉得内疚。人们一直告诉你要谨慎小心，不能放松。但是如果你能达到积极上瘾状态，就会做得更好，就像我有时做的那样。这或许就是专业人士和业余人士之间的一个差别。专业人士会集中注意力，但是不会束缚自己的思绪。吉米·斯奈德（Jimmy "the Greek" Snyder），更为人知的是"希腊人吉米"，他规定了拉斯维加斯的赔率，而且通常会依靠自己的经验在博彩中取胜，其原因也是他会让自己的思绪自由发散。年长的专业人士并不急于求成，而是选择顺其自然，他们知道自己具备应有的能力，只要耐心等待一段时间，自然会水到渠成。1974 年的世界职业棒球大赛中，经验丰富的奥克兰运动家队轻松击败了年轻的洛杉矶道奇队（他们太紧张，不战自败），这也很清楚地证明了这点。如果你在某方面很有能力，并且在做事的同时能让自己的思维自由发散，那么和刻意集中注意力相比，你能够获得更多的能力和愉悦。普通状态下的大脑就像是一只用绳索拴住的狗，你带它去哪儿，它就会顺从地跟你到哪儿，但是它全部的兴奋之处都在于紧跟主人的步伐。积极上瘾状态下的大脑则训练有素，主人很信任它，会松开绳索一段时间——它会带着你和你的能力一起跑进一个全新的自由快乐的世界，将你推向新的高度，给你带来全新的体验。

强大的人，不论是否积极上瘾，都能通过这样或那样的方式做到这一点。或许他们越强大，就越能够用不同的方式发散自己的思绪。他们之所以会不断变得更加强大，这就是一个很重要的原因。如果他们在这一过程中学会了如何定期达到积极上瘾状态，那么即便并没有意识到正在发生的事情，他们通常也会对这一过程上瘾。如果这种习惯被剥夺，他们就会感到不适，但是他们需要一段时间才会明白这种不适是一种戒瘾的痛苦，因为他们被剥夺了达到积极上瘾状态的机会。一段时间后，多数人会了解并且接受自己的上瘾，因为他们感到这种上瘾对自己很有价值。他们可能不会谈论很多关于积极上瘾状态的内容，因为害怕别人会觉得自己奇怪，但是他们开始意识到了这一过程。

积极上瘾状态发生在强大的人中间，而且很可能让他们变得更加强大，这一概念在 1975 年 1 月 26 日发表在《纽约时报杂志》（*New York Times Magazine*）上的一篇文章中得到了充分证实，文章题目是“我们是神秘主义国家吗”（Are We a Nation of Mystics）。作者是安德鲁 · 格里利（Andrew M. Greeley）和威廉 · 麦克里迪（William C. McCready），他们是社会学家，也是罗马天主教牧师。他们用一种不同的方式，在不同的环境中完成了出色的研究，而这一研究成果非常支持我在本章所说的关于积极上瘾状态的内容。在文章开篇引用了两段积极上瘾状态体验的描述，他们称之为神秘主义。加拿大小说家兼总督约翰 · 巴肯（John Buchan）写了他在非洲的一段经历，喀拉哈里沙漠的春天时节，天气清净凉爽，他描述了当时沐浴在春日时光中的感受：

当时的情形给了我启示，尽管我饥肠辘辘，但是

> 忘记了早餐。香气、光线和声音如此和谐地并存，完美到超出了人类语言所能表达的极限，甚至超出了人类的想象。就像我瞥见了永恒的安宁。

哈波尔德（F. C. Happold），当代的约翰·巴肯，坐在他那位于剑桥大学的房间里，在1913年2月1日这样写道：

> 我完全被另一个人占有了，不是我自己，但是我感觉自己比之前任何时候都更是我自己。我满怀强烈的幸福，以及难以置信的快乐，我之前从不知道，那之后也再没有感受过。总之，这是一种对于安宁、安全和必然的深度感受。

文章的两位作者写道：

> 但无论地点是哪里，引发因素是什么，主题人物是谁，这些片段都有相同的主题——快乐、轻松、安宁、热情、温暖、统一、必然、自信、重生。东方人和西方人，圣人和罪人，男人和女人，年轻人和老人，他们都说了一种相同的体验——激烈而具有压倒性的快乐，这似乎将他们从自己本身抽离（在一些例子中，极度愉悦的人认为他们确实从外界看到了自己本身）。

于是两位作者开始思考，认为这些并非罕见的体验，即使这些体验都被描述成了上面那样。他们不清楚这种体验有没有在很多人身上发生过，但是有过类似上述积极上瘾状态（神秘）体验的人数远超他们想象。为了研究自己的看法，他们决定做个问卷调查。他们的问题基于宗教展开，这点在我看来对结果有些许的歪曲，但是在开始研究时，他们就认为这些是宗教体验。他们共调查了1500人，问他们："是否曾经有强大的精神力量将你从自己本身抽离的体验？"大约有600人至少有过一次这样的经历，占总人数的2/5。大约300人说他们经历了多次，有75人说他们经常有这样的体验；我怀疑后者中就有一些积极上瘾者。为了公平起见，作者们确实尝试在文章中尽量客观，而且尽管问题是基于宗教的，但他们并没有说这些体验必须是宗教体验。作者说：

> 我们当时打交道的就是那些说有过强大的精神力量将自身抽离这种强烈体验的人。别的我们也无法确定。尽管有些体验并不"神秘"（也就是不具有宗教色彩），但是如此大比例的人都说自己有过这种强烈的体验，这依旧是个不同寻常的现象。不管这种体验的本质是什么，在多大程度上符合传统神秘主义的定义，其本身就很有研究价值。

尽管作者表明这些并不都是传统的宗教体验，但是在整篇文章中，他们一直坚持认为这是宗教体验。如果我们既不认为这些经验与宗教相关，也不认为是由外力产生的，那么这篇文章确实可以作为积极上瘾状态的独立研究。

那些对上述问题回答积极的人都是社会中占有优势的那部分人。他们生活富裕，大部分接受过高等教育，几乎都对童年有很美好的回忆，父母关系亲密，自己和父母之间也很亲密，这使得他们不会自我批评，有获得上述体验充分的准备。这些人的父母为他们提供了以快乐为宗旨的宗教形式，这和那些以原罪为主导，让人们难以接纳自己的宗教形成了鲜明对比。作者还展示了精神力量方面的重要发现：

> 无论是社交层面还是心理层面，没有明显的因素表明这些愉悦的人有心理缺陷或心理不正常……我们还用了诺曼·布拉德布恩（Norman Bradburn）教授发明的心理健康量表进行评估。结果表明，频繁的强烈愉悦体验和心理健康之间的相关性系数是 0.40，按照布拉德布恩曾经用该量表进行的观察来说，这是最高的相关性。我们试图通过纳入其他一些变量来消除或至少减少其相关性……结果是其相关性几乎没变，只是从 0.40 降到了 0.39。

我们没有证据证明这一结论，但确实从其他来源中找到了强有力的支持材料，那就是，即便人们只有有限的积极上瘾状态体验，也会在心理健康评估中取得很高的分数，我将其称为心理力量。当作者将他们的结果给精神健康专业的同事看时，同事不赞同他们把这些称为宗教经验。像我一样，这些社会科学家不相信这种积极上瘾状态的宗教性。这导致作者削减了独特的宗教体验结论，公正地说：

> 这些可能不是宗教体验，但是这些人确实在经历着什么；无论其本质是什么，都和精神健康有高度相关性。如果我们能找到其他相关因素，那么精神健康的研究者就会来找我们了解更多内容。如果除了“强烈愉悦”外，其他事物也能够给你带来如此好的感觉，那么这种事物就会像明年即将退市一般，受到人们的哄抢。

最后他们说，关于这些体验总能带来愉悦的原因，除了宗教这种人们能够体会到亲切温和的因素外，找不到其他解释。事实或许是这样，但我认为更好的解释是：人的大脑开拓了新方向，形成更多之前受限的神经通路，这一过程就好像是从监狱中获释，寻找宝藏。这一类比来自埃德蒙·丹特斯（Edmond Dantes）[㊀]在基督山岛发现宝藏时的快乐。我强烈推荐大家读一下这篇文章，文章涉及的内容远比我在这里描述的要丰富。

不论你是否积极上瘾，我的假设是，通过积极上瘾获得精神力量的这一过程中最关键的是自我接纳，因为这能使大脑自

㊀ 《基督山伯爵》一书的主人公。——译者注

由运转，从而让你体验积极上瘾状态。大脑越受限制，就越不可能发挥自身的潜力。你可能没有经历过《纽约时报杂志》中格里利和麦克里迪描述的那种强烈的神秘体验，但是大多数人在高度自我接纳且其他条件也合适时，都至少有过很短时间的这种体验。如果我们自我批评严重，只接受仅有的选择，就会丧失很大一部分潜在力量。因为弱者的特点就是批评他人，或者抱怨连天，这两者都会很快变为自我批评。人越是软弱，体验到积极上瘾状态的可能性就越低。而没有这种体验，他们的选择就更少，因此弱者的另一个特点是会反复使用仅有的几个选择。因为这些反复使用且有欠缺的通路无法提供获得幸福所需的力量，所以弱者在寻找爱与价值时很少成功，并因此感到痛苦。

软弱是力量的对立面，总是和痛苦相伴。弱者的选择很少，就算有很好的选择，也难以接近这一选择，所以这两种情况差别不大。就像我在第 1 章中解释过的，当一个人通过自身经历发现无法寻找到他想要的爱或者价值时，痛苦就会让他坚持下去，更加努力，寻找新的方法，总之要做点什么。不幸的是，因为自身的软弱，他的选择很有限，很快就没有新的方法了。他最后通常会反复使用一两种方式，就好像没有其他方式可行一样。你会看到软弱的孩子试着自娱自乐。他们努力尝试一两次，然后就放弃了，之后变得沮丧，开始大哭，这就是他们寻求帮助的症状表现。在之后的人生中，他们可能会抱怨婚姻不幸，工作差劲，房子不好，天气糟糕，家人不懂得感激……他们不断抱怨，却又没有行动。

不断地怨天尤人也是弱者的特点，而且会把周围的人逼疯。如果这种情况发生，强者会离开，让弱者得不到什么爱，也没有机会找到一个认为他有价值的人，这实际上加重了弱者的缺陷。寻求精神治疗的病人最多的特征就是抱怨："我不知道该怎么做。医生，我感觉自己什么都做不了。帮帮我吧，我太惨了。"他们感觉无助，很是痛苦，因为和强大的人相反，他们大脑中的神经元是独立存在的，就像一座内部分裂的精神家园。他们的神经元很少会一起工作，而神经元之间的连接要么反复使用多次，要么因为自我批评而无法获得。但是如果没有足够的可用选择让他们来补救这种状况，他们承受的痛苦就无法起到激发作用，而是陷入僵局。他们知道这一情况，知道自己无法摆脱这种痛苦，因此会使用一切能够利用的能量来摆脱痛苦，而且这些能量在弱者看来是很多的。因为自知无法把火扑灭，所以他们就自己把火灾报警器关掉了，至少关掉警报器能让自己在安宁中燃烧殆尽。实际上，他们放弃了努力，不再想着减少痛苦。他们试图放弃必需的爱与价值来缓解大脑中剧烈的痛苦。

在第 1 章中，我解释了这种第一选择只会在一段时间内有效。因为弱者无法放弃他们需要的事物，痛苦会再次袭来。就像是主动愉悦一样，这是一种主动痛苦。这种痛苦和生活中爱与价值的缺乏直接相关。他们很清楚痛苦的原因，这也是他们放弃的原因。这种放弃的积极痛苦可能和第二选择症状的痛苦一样。例如，我们放弃的时候可能会感觉抑郁，之后还可能受到抑郁症的困扰。这两种痛苦类别相同，区别在于若是主动痛苦外在表现为症状，我们很少会将其和我们放弃的事物关联起来。

除了诸如彻底发疯或是见诸行动取得成功这样很罕见的例子之外，所有症状都会带来痛苦。这些痛苦和缺少爱与价值带来的痛苦没有区别，但是程度会轻一些。在当前阶段，我们已经“病”到无暇“担忧”真正需要的东西了。痛苦不再是主动的，而是被动产生的，越来越集中在“大脑中”。这种痛苦可能是抑郁、紧张、恐惧、焦虑，或是身心疾病。

无论如何，尽管这种大脑内部被动的痛苦让人很难受，但是并没有主动痛苦那样折磨人，我们还试图通过放弃来缓解主动痛苦，因为被动痛苦保护我们，让我们不用直面自己的力量不足，而且给我们机会去寻求帮助。因为这些症状是大脑产生的，开始时会掩饰部分对爱与价值的需求，但是如果症状持续，之后就会完全遮盖这种需求，所以当我们寻求帮助时，只会缓解症状引起的大脑中的被动痛苦，并不会获得爱与价值。症状总是带来痛苦的原因就在于如果不产生痛苦，我们就不会因此寻求帮助，也就不会进行自我拯救。就好比如果我们能把软弱、力量不足、缺乏爱与价值等转变成良好的感觉，就不会作为人类这一种族生存了。

上述就是症状带来痛苦的原因，而它之所以能引起痛苦，是因为其本质是一种单轨的大脑体验。意思就是，大脑会反复使用一套小通路，直到因为过度使用产生痛苦才会停止，转而选择其他通路。比如你会反复使用抑郁通路、焦虑通路、恐惧通路，直到这些通路过载，大脑产生痛苦，你才会停止使用。当一个有症状表现的人说他头痛，或是感觉不舒服时，他并没有说谎。因为大脑内部的痛苦确实让他很难受。无论我们多么努力想让他停止使用这一通路，而是用整个大脑去寻找爱与价值，他都会选择抗拒，因为他知道一旦面对自己无法解决的现实问题，主动痛苦就会再次袭来，而这种主动痛苦比被动痛苦更让人难以承受。

这就是为什么在心理疗法中我们必须和患者做朋友，帮助他再次体验已经放弃的爱与友谊，或者是帮他制订计划，让他再次体会自我价值，通常这两种方法我们都会使用。如果我们能做到这点，就可以让患者从过度使用的症状通路中脱离出来，转向大脑的另一部分。在接受多次心理疗法治疗之后，他可能就能够寻找到获得更多爱与价值的选择，开始体会到主动愉悦的感觉，甚至足够让他暂时放弃自己的症状。这就是为什么我们必须尽可能以非批评的态度对待他，来帮助他接纳自我，获得更多神经通路。我们可能永远都不会成为他最好的朋友，也不能提供他需要的爱，但是我们可以做一位不批评的朋友，帮助他想出一些办法来解决自己的问题。他有精神上的基础资源，我们只要帮他利用这种资源，从而得到更多资源就足够了。

当然，我们有时可能会批评他，但这是一种技巧，由于这不是一本关于心理疗法的书，所以在此只做简单解释。如果我们将批评作为一种技巧，那么就必须确保不针对患者无法轻易改正的事情上进行批评。我们可能会批评他的外表，但是不能批评他在学习或工作中的失败。而且除非我们确定能帮他提升外表，否则连他的外表也不能批评。要点就在于，症状试图用大脑内的被动痛苦来替代失败引起的主动痛苦，因为前者程度更轻。众所周知，抑郁会让人痛不欲生。然而，人们因为害怕痛苦加剧，所以连这种异常痛苦的症状都不肯放弃，除非他们能通过他人的帮助向爱与价值前进，否则就会退回到大脑更深层中，选择消极上瘾——弱者的第三选择。

做出第三选择，选择消极上瘾的人们通常都能成功地上瘾。他们能做到这点，是因为上瘾有种特质，不仅会使人摆脱症状带来的被动痛苦（可能没有主动痛苦存在），而且会用一种剧烈但被动的愉悦来替代。酒精、海洛因、食物和赌博是如何做到这一点的目前还是未知，但毫无疑问的是，它们确实能做到。我的理论是：选择症状的大脑都很软弱，很有局限性，而且承受着巨大的痛苦，但是所有上瘾都有力量让大脑暂时解脱。

在消极上瘾的影响下，这些人会体会到积极上瘾的心理状态，只有在此刻，这种状态才会由化学物质、食物或者赌博产生。这种心理状态和积极上瘾产生的心理状态完全相同，但是达到这种状态的方法却不同。当这种状态定期发生，消极上瘾就形成了。很独特的是，消极上瘾的过程让大脑突然形成积极上瘾状态，引起一种短暂剧增的被动愉悦，通常是在药物的影响下产生。这些人体验到的这种剧增的愉悦不仅会完全驱散被动的痛苦，而且会被他们所说的那种迷人的高潮所取代。这种大脑内部剧烈的被动愉悦（例如酗酒者只能依靠酒精度日）很快就淹没了他，如果继续下去，那么他就上瘾了。

虽然积极上瘾者和消极上瘾者都体验了积极上瘾心理状态，但是他们之间有巨大的不同。消极上瘾者只体验到了被动愉悦，积极上瘾者是通过利用从积极上瘾状态中获得的力量来让自己活得更好，这种主动愉悦是额外而切实的，消极上瘾者则无法体会。无论是即刻还是之后，只要有这种力量，积极上瘾者就会去追求主动愉悦，寻找更多的爱与价值，并最终取得成功。消极上瘾者获得了瞬间的愉悦剧增，以及接下来持续数小时的被动愉悦，这些缓解了他的被动痛苦，从而让他满足于此。因为他的大脑获得了暂时的解放，在这种上瘾状态中，或者至少是在上瘾的开始阶段，他可能会感觉很强大，想要尝试寻找爱与价值。这就是药物在开始阶段具有迷惑性的原因。弗洛伊德曾认为由可卡因引起的积极上瘾心理状态是治疗精神疾病的万灵药。

消极上瘾者很快就会意识到，他已经太久没拥有过爱或者价值了，所以不可能在短时间内轻易得到；他的脑中还闪过这样的念头——这种新的精神愉悦的力量给了他再次获得爱与价值的可能。他知道自己一定能从上瘾中获得被动愉悦，不过他很快就发现，想要用主动的愉悦来替代这种被动的愉悦，依旧需要大量瞬间的爱与价值。但是获得爱与价值，并从此缓解痛苦，就算对强大的人来说都很难得，对消极上瘾者来说就更不可能了。如果消极上瘾者在这种愉悦体验中决定试着寻找爱与价值，就必须减少在上瘾上花费的精力，因为人在神志恍惚的时候，比如站在赌博桌前，或是胃里塞满了食物时，是无法追求爱与价值的。如果消极上瘾者依旧很坚定地想要追求爱与价值，那么他就会被突然涌现的剧烈痛苦打击得措手不及。他很快就会发现自己的大脑只是获得了短时间的解放，他还处于其影响下，但是随着这种状态逐渐消失，痛苦会再度袭来。

因此，消极上瘾者在所有消极上瘾中感受到的力量都不是可以持续一生的，因为持续的时间短，或是程度不足以让他获得爱与价值带来的主动愉悦，从而无法抵消他最近生活中的被动痛苦。此外，他的起点也不是很好，因为他已经选择了放弃，已经很久没拥有爱与价值了。消极上瘾虽然让他的大脑解放，让他看到了爱与价值，但对他而言，能在短期内寻找到爱与价值的可能微乎其微。

但是，他所做的则是用上瘾带来的一切力量来进一步加深自己的上瘾。用他的话说就是“自己的瘾自己负责”。他这么做是因为他从经验中很快就明白了，这种愉悦非常短暂，转瞬即逝。上瘾褪去，积极上瘾的状态也会随之戛然而止，导致暂时增加的通路很快缩回，又回到了之前症状中那种痛苦的大脑回路里。随着大脑快速收缩，不仅他的所有关于爱与价值的想法消失了，而且痛苦比上瘾之前更深，因为他现在正经历戒除上瘾带来的额外的主动痛苦。

我相信他确实会感受到随着上瘾逐渐褪去，大脑会突然从自由运转缩回到有症状时的受限通路上，让人感觉非常受折磨。如果他没有体会过这种愉悦的感觉或许也不会如此痛苦，但现在他不顾一切地想要再次体验上瘾，来让大脑自由运转发散，这样做不仅是为了停止自己的痛苦，还为了可以再次体会上瘾带来的愉悦。消极上瘾者现有的通路连接依旧强大，而且随着上瘾时间变得更强，这些通路是新形成的，在他追求上瘾带来的愉悦时可以为他所使用。受到痛苦以及对愉悦向往的驱使，他在追求这种愉悦的过程中获得了惊人的单边力量。他放弃了其他一切事物。他可能会任由自己的身体状况和社会地位完全恶化，因为他对此毫不在乎，他关心的只是自己的上瘾。在追求上瘾这方面，他往往是具有创造性的天才。

在消极上瘾者寻找上瘾时，他甚至可能会追求爱与价值，但是仔细观察就会发现，这不过是种伪装。他这么做只是想借此来利用他人或其他力量来加深自己的上瘾。很多和消极上瘾者结婚的人，或雇用了消极上瘾者的人会证实这点。消极上瘾者在努力让自己获得愉悦的过程中，会不惜伤害任何人（例如他可能会在为老板做出色工作的同时顺手偷点东西），但是这种行为会带有些许精神错乱的魅力，以致那些因此受到损失的人发现自己并不讨厌消极上瘾者，而这让他们感到不解。消极上瘾者能真正再次找到爱与价值的唯一方式就是放弃自己的上瘾，如果不放弃，那么通往爱与价值的那扇大门将永远对他紧闭。他比其他人都更明白这点，因为是他自己选择关上那扇门的，在戒瘾之前，这扇门都不会再向他打开了。但对消极上瘾者而言，仅凭自己的力量是无法戒除上瘾的。

进一步讲，对他而言不幸的是，这种瘾本身的效力也会逐渐变小。因此，他用来获得大脑自由而服用的药物剂量必须加大。这些药物仍会缓解他的痛苦（药物的这类作用不会失效到让他放弃服用）但是随之而来的愉悦却大大减少，因为他的大脑经历过太多次同样的起起伏伏。但这并不意味着他会放弃，因为这是他唯一的选择，只是效果没那么好。加大了服用剂量之后，他的愉悦会增加，但是也会受到上瘾带来的限制。就像很多取得成功的工作狂证实的那样，虽然他可能永远不会容忍赌博，但如果他是典型的拉斯维加斯式赌徒，那么他一定会花光所有钱，因为世界上没有足够的钱能满足上瘾赌徒的需求。随着食物上瘾者变得异常肥胖，身体不适，食物的作用也会逐渐减小。如果对药物上瘾，那么有些情况下，上瘾者会过量服用，其他情况下，他会因为感染而患上疾病。很多海洛因上瘾者会四处找钱来满足自己日益增长的需求，但这会变得越来越困难，因为他自身力量不足，而且已经达到了极限。

到达这种程度的时候，大多数消极上瘾者（一般是药物上瘾者）将会有足够的力量依靠自己或是他人的帮助暂时从药物的沉迷中脱离出来，减轻大脑已经形成的耐药性。在短时间内，他们可以再次用少于从前的剂量来获得大脑的自由运转。他们愿意忍受暂时戒除上瘾带来的痛苦，这相比于缺乏爱与价值而导致的痛苦要好受些，也是为了减少在获取药物过程中出现来的无法避免的烦恼。

很多人从药物、食物和赌博中获得了愉悦，但大多数人并不会对此上瘾，原因就在于非上瘾者没有强烈的、需要靠上瘾来缓解的痛苦。我们享受小剂量药物或行为给大脑带来的轻微发散，以及安宁的被动愉悦，但是与此相比，我们更愿意获得主动愉悦。我们没有安于这种被动愉悦的打算，但这是消极上瘾者想要的全部。除此之外，消极上瘾者会不顾一切地想要获得那种强烈的愉悦，而我们并没有持续不断的痛苦，所以不需要大剂量的药物来获得这种愉悦。

非上瘾者也会使用一定剂量的药物，所以你可能会疑惑他们是否也会从这种上瘾产生的有限的积极上瘾心理状态中获取力量。他们中的大部分人都不会饮用过量的酒精来达到深层的积极上瘾状态。即便他们饮用了过量的酒精，其体验也和积极上瘾者相同。但积极上瘾状态是很短暂的——处于积极上瘾状态时，他们也正处于醉酒状态，所以这种积极上瘾状态是无效的，而且随着积极上瘾状态的褪去，大脑会轻微“收缩”，这也会给他们带来痛苦。这种情况会带来精神上的抑郁，身体上则会出现宿醉般的头痛。所以对非上瘾者而言，如果积极上瘾状态是通过药物获得的，那么大部分都会带来些许放松的感觉，而从中感受到的精神上的自由，最终也会以轻度戒瘾的痛苦状态而作为代价。

如果服用的“药物”药效很弱，例如几杯酒，偶尔的一顿大餐，那么这种情况下，几乎不会产生戒瘾带来的痛苦。这种愉悦是真实的，但是并不会带来任何力量上的显著增加，因为这种积极上瘾的效果微乎其微。这里我要再次提一下香烟和咖啡。这两种物品都能提供微量但持续的积极上瘾体验；可两者强度都很弱，只能带来很少的愉悦，或是帮助消极上瘾者和非上瘾者缓解他们的精神紧张。消极上瘾很容易成为弱者生活的全部，会给相对强大的人带来些许愉悦，为紧张的一天带来片刻放松，让大脑暂时自由运转，但是更加强大的人并不会仅仅满足于这种被动愉悦。他们大多数仍会追求爱与价值带来的主动愉悦，为此他们必须独立寻找这种轻度的积极上瘾状态。

我已经解释了戒瘾给消极上瘾者带来的痛苦，还要试着再解释一下戒除积极上瘾带来的痛苦。就像我将在接下来的章节中进行的更全面的解释一样，积极上瘾者确实会忍受戒瘾带来的痛苦，但我认为这种痛苦并非来自大脑的收缩。因为积极上瘾者能够让大脑独自自行运转，所以他们会某种程度上通过一种自然的精神模式再次体验上瘾。因此，他们形成的通路会得以保持，以增加力量。他们可能会自然地走出积极上瘾状态，但这和化学物质效力褪去而产生的不良影响差别很大。此外，积极上瘾者并不会回到痛苦的症状状态中，但是消极上瘾者不仅会回到痛苦的状态中，还要承受戒瘾带来的额外痛苦。更深的一条线索是，如果我们仔细研究积极上瘾者的反应，就能发现他们的痛苦并不是立即袭来的，而是会过一段时间，有时是几天；消极上瘾者则不同，一旦上瘾消失，痛苦就会立即袭来，甚至痛苦在消极上瘾的效果还未消散时就会袭来。

即便如此，大多数积极上瘾者都说自己也承受着一定痛苦，这种痛苦是很现实的反应，因为他们失去了习以为常而且易得的愉悦。然而他们并不想失去这种规律性的积极上瘾状态带来的愉悦，而且他们已经开始对此有所期待。他们比消极上瘾者承受的痛苦要少，因为他们更加强大，主动愉悦也更加强烈，所以平衡了部分痛苦。但是，无论我们多么强大，失去一种预期的、规律且独特的愉悦时，都会想再次获得它，而这种戒瘾般的痛苦就是我们给自己发出的找回上瘾的信号。

我们承受的痛苦可能与我们能够达到积极上瘾状态的总时间成比例。我们达到的时间越长，承受的痛苦就会越多——事实上，就是这种戒瘾带来的痛苦让我们了解到自己已经达到了积极上瘾状态。痛苦增加是因为我们知道自己可以做些合法而且有益的事情来很轻易地缓解痛苦。此外，我们很明显地意识到，积极上瘾是唯一起作用的，而放弃积极上瘾是得不偿失的，这就像放弃穿鞋一样。你的确可以下半生光着脚度过，但是为什么要这样做呢？积极上瘾者的大脑很清楚地意识到愉悦正在消退，同样也意识到自己可以很轻易地再次获得这种愉悦，因此大脑会很自然地感到痛苦。

如果积极上瘾者因为某些原因不能继续自己的习惯，那么他会寻找相近的替代品。如果跑者的脚踝受伤，那么他可以转而骑自行车或者练习瑜伽（正如海洛因上瘾者可以转而酗酒）。但是替代的这两者都不如最开始的行为让人满意。因此，尽管与消极上瘾有类似之处，但是积极上瘾的戒除过程却并不像消极上瘾那般艰难。如果积极上瘾者不得不停下，他可能会一直想念他上瘾的事物（这在所有上瘾者身上，不论是积极还是消极，都是典型的特征），但是不会像消极上瘾者那样长时间忍受痛苦，痛苦程度也不会那么严重，因为他停止积极上瘾后获得的是力量而不是软弱。如果你是名积极上瘾者，而且因为一些原因不得不放弃积极上瘾，那么你要做好忍受痛苦的准备，但是也要知道，你会比上瘾之前更加强大。痛苦最终会停止，而从积极上瘾中额外得到的力量不会失去。

Positive Addiction

4

# 积极上瘾六步法

## 积极上瘾的标准和类型

1974 年 5 月，当时我和一组教育家在进行一场研讨会，一位 35 岁模样的女士站了起来，说她对骑自行车上瘾。她解释说，自己每天晚饭后，一般是在六七点间，都会在小区骑 1 小时的自行车。虽然当时我还没有得出积极上瘾这个概念，但是我很好奇如果她不骑车的话会不会感到不适，于是我问她："如果你不骑车会怎样呢？"她的回答说："什么事也没有，因为我每天都骑。"她的语气很坚定，于是我用带些玩笑的口吻问她："如果你的孩子病得很严重，需要你在家照顾，你还会去骑车吗？"她半严肃半玩笑地说："那他们最好别在晚饭后一小时我骑车的时间生病。"她有一部分话，我几乎在每个积极上瘾的人身上都听到过：他们放弃一切事情，专门从事积极上瘾活动的时间是神圣而不可侵犯的。他们既不想因为放弃这种活动而承受痛苦，又不想减少自己的愉悦。静坐者和跑步者是最大的两类积极上瘾群体，他们的具体感受会在接下来的几章中详细探讨。

也许静坐者和跑者之于积极上瘾，就好比海洛因吸食者和酗酒者之于消极上瘾，在这类活动中，无论是积极上瘾还是消极上瘾，都会产生最容易或是最让人满意的积极上瘾状态的神经通路，而这就像我在前一章所阐释的那样，是所有上瘾的核心。了解这一点之后，我们就知道积极上瘾远不止于此，下面让我们看看其他可能的积极上瘾。记住，积极上瘾可以是人们选择从事的任何活动形式，只要满足以下 6 个标准：①你做的事情是非竞争性的，而且可以保证每天投入大约 1 小时的时间在上面。②这种活动对你而言可能很简单，不需要很费力就可以做好。③你可以独自完成，或者少数情况下和他人一起，但是并不需要他人才能完成。④你相信这种活动会给你带来一定的价值（身体上或精神上）。⑤你相信如果坚持下去，你就能够得到提高，但这是很主观的，因为你是唯一会做出评价的人。⑥进行这种活动时，你必须是非自我批评的。如果你在活动期间不能完全接纳自己，那么这种活动就不具有上瘾性。独自进行活动的重要性就在于此。只要你让别人加入，产生竞争或者批评的概率就会增加，而且通常两者都会产生。对于积极上瘾状态而言，批评是十分有害的，这也就是为什么很多积极上瘾者都对自己做的事情保密。尽管我的问卷并没有详细询问这点，但是有些人主动分享了自己的体验，其中有位女士自己发明了一种静坐方法，她的回答我认为很好地说明了上述观点：

> 很长时间以来，我都没和其他人说过静坐，因为我担心这是种精神错乱，或者是精神不正常……就算事实不是这样，至少听起来也很像。但是我现在不这么觉得了。我活得很好，也小有成就，我不知道为什么其他人都不利用这件礼物，我相信所有人都能做到，但是很少人会去做。

即便你的活动达到了以上 6 个标准，也不能保证就一定会上瘾。上瘾的前提是要定期达到积极上瘾状态，每周至少要达到几次才行，每次时长从几分钟到 1 小时不等。如果能做到这一点，那么你就能体验到愉悦的剧增，并因此对其产生渴望。如果三四天没有进行积极上瘾活动，那么你就会感受到来自身体和精神的双重痛苦。正如我将在第 6 章对静坐详细描述的那样，很多静坐者以及那些满足了那 6 个标准的人，他们会在活动中获得力量，但是并不会上瘾。如果他们继续下去，最终可能会上瘾，并获得更多的力量，但是多数静坐者并不是积极上瘾者。他们可能体验过短暂的积极上瘾状态，但这并不足以形成上瘾，所以他们不会忍受严重的戒瘾痛苦。大多数情况下，他们形成的是一种愉悦放松的习惯，而很多受访者错误地把它当成了上瘾。尽管这并不经常发生，但是对于那些满足以上 6 个标准的活动来说，无论是脑力还是体力活动，都是可能上瘾的。我想在这里描述一些人们在问卷调查中给出的积极上瘾形式，并再次强调，这些人认为的积极上瘾并不一定是我所说的积极上瘾。我初步估计，在所有说自己有积极上瘾的人中，参加跑步、瑜伽和静坐的人数是最多的。

积极上瘾有两种主要类型：①体力型，以跑步为代表；②脑力型，以静坐为代表（瑜伽既算体力型也算脑力型）。因为这两种类型都很重要，所以我会在接下来的章节中进行详细解释。在回答我关于积极上瘾问卷的时候，很多填写问卷的人都写道，他们对某些特别的事情上瘾。在脑力型活动中，人们提到自己会幻想，而且在知道幻想是有益身心的时候，他们感觉松了口气。成年人很难承认自己会幻想，因为这似乎是小孩子才会做的事情，而且就算是小孩子，沉迷幻想的也不多。

和静坐、幻想很类似的还有很多日常活动，以及一些不费力的体力活动，我把它们归为脑力型，因为人们可以长时间进行而不需要特别的努力或有意识的关注。这样的例子有编织、钩编、刺绣和梭织等。还有一部分人把园艺作为自己的积极上瘾。有位女士说："我每天都会打理盆栽，要是哪天没打理，我就会感觉很难受。"还有一部分人说，自己的积极上瘾是写日记。创造性写作对于大作家而言或许是让人上瘾的，比如海明威，他每天上午 6:00～10:00 都会进行写作，但是写作太过于自我批评，所以对于非职业作家而言很难形成上瘾。另外，写日记是一种高度非自我批评的活动（如果不是这样的话，没有人会忍受这种痛苦），而且那些坚持写日记的人说，在记录自己每天所做所想所感时，思绪经常会发散。

有位女士说她对泡澡上瘾，她每天泡三次澡，将身体浸在温暖的水中，她的目的并不是清洗身体，而是通过这种温暖愉悦的体验，实现孤独感的自我吸收。她也很感谢积极上瘾的概念帮她了解了自己习惯的本质，她知道这种习惯对自己很有好处，但是一直犹豫要不要告诉他人。还有一位女性说自己对化妆打扮很上瘾，她从 10 年前就开始每天花 45 分钟来梳洗打扮，她说自己在开始打扮的两个月之后就上瘾了。如果哪天没化妆打扮，就会觉得自己很没精神，也没有安全感，对一些突发情况也不能很好处理。化妆打扮则会让自己自信很多。

还有一些人演奏乐器（钢琴、笛子、吉他、班卓琴是人们最多提起的），有些人会唱歌，还有一些人会听音乐。人们认为这些也都是积极上瘾。或许练习乐器比单纯地听音乐更具积极上瘾的潜质，因为要花费更多的时间在上面，而且会带来成就感，但是我认为，如果人可以对泡热水澡上瘾，那么也会对听音乐上瘾。尽管我没有收到很多关于对作曲上瘾的答复，但是我大胆地猜测，作曲也是一种积极上瘾。贝多芬一生中的大部分时间都处于失聪状态，但他可以在脑海里听到音乐，因此某种程度上而言，作曲肯定是一种积极上瘾，促使他在失聪之后坚持作曲。再次重申，尽管很多这类或是相似的活动可以发展成为上瘾，但是我个人认为，这种情况很少发生。

瑜伽既是脑力型上瘾也是体力型上瘾，很多练习瑜伽的人最后都形成了积极上瘾者。有位女士说，她可以做鞠躬体式，但是其他的体式都做不了，她将其称为生物能疗法，似乎也是一种瑜伽。也有不少人练习哈他瑜伽，这种瑜伽包括特殊的身体练习或瑜伽体式。还有一些人强调瑜伽呼吸法或放松法。但是这些人都参加了其他体力或脑力活动，要么是瑜伽，要么是很接近瑜伽的活动。

接下来我们就来讨论一下数目众多的体力型上瘾，其中以跑步为代表，还包括徒步、做操、举重、游泳、骑行，或许还有攀岩或登山。尽管攀岩和登山并不是人会每天进行的活动，但是我敢肯定，人在这一过程中达到的积极上瘾状态是激励其继续前行的动力。我认为这些运动不能和健身或跑步归为一类，但是可能它们对于积极上瘾来说一样很重要。尽管跑步是所有体力型积极上瘾活动中最普遍的一种（我会在下一章详细解释），但是除了我在此罗列的这些，或许还有更多形式的体力型上瘾。我还远没有完全发掘它们。再次强调，只要一项活动满足本章前面所列的 6 个标准，那么它就具有潜在上瘾性。我的一位朋友最近建议我调查一下观鸟，看其是否属于积极上瘾活动。狂热的观鸟者人数众多，因此谁能说这不是一项积极上瘾活动呢？

即使我已经总结说很多受访者并没有上瘾，但是对他们的问卷情况进行仔细研究后发现，有些人几乎对前面提到的类别都上瘾。很多人都说自己有过下述体验，而这就是典型的积极上瘾。一位男士对唱歌上瘾，连续 4 年每天唱至少 1 小时的歌，当说到不唱歌的情况时，他说："我自己心里感觉很糟糕，很懒散，就好像我没完成什么事一样。我变成了更优秀的音乐人，同时也更自信了。"

很多人都形容说这种不适感让人很烦躁沮丧，让自己变得难以和人相处。有些人说，那天会过得很不顺，大多数人都说他们会感觉很内疚，因为没有完成很重要的事，而这是自己本可以完成的。事实上，很多人都用"内疚"这个词来概括这种感觉。有的人说自己变得更焦虑、更紧张，对自己更加怀疑；另一些人说自己更易怒、更不耐烦，和他人沟通也不顺畅。个别人说，如果不做自己上瘾的事，就会感觉很疲惫，整个人都无精打采的。还有人说“自己的思绪很混乱、很迷茫”。这些描述在所有积极上瘾类型中都十分常见，但是总体而言，体力型要多于脑力型。

下面我们就讨论一下“上瘾给你带来了什么好处”这个问题。很多之前体重超重的人都说，好处是自己减重成功，或是可以很好地控制自己的体重，尤其是具有体力型上瘾或者对瑜伽上瘾的人。很多人说，好处是自己能够改掉包括过量饮酒和抽烟在内的不良习惯。人们还说自己变得更机敏，自我意识有所提高，身体也感觉很好。不断有人提到“自信感”，或者这是人们用得最多的一个词来形容上瘾给自己带来的益处。很多人说自己更宽容，不那么容易生气了。所有这些都很明显地和之前章节中提到的精神力量的增加有关。所有体力型上瘾者，包括跑步和做操的人，都说自己的身材在不经意间变得更好了；很多只有脑力型上瘾的人，比如静坐，也说自己获得了控制体重的能力。无论是体力型上瘾者还是脑力型上瘾者都说自己能量增加了，必需的睡眠时间有所减少。

在接下来的两章中，我会对上瘾带来的这些好处进行更详细的探讨。这里我想重点说的是：积极上瘾是所有人都能达到的。没有年龄和活动限制。无论是体弱年迈，还是健康年轻，都可以形成积极上瘾。要想获得积极上瘾带来的好处，唯一的条件是，你需要坚持几个月，甚至几年。

如何获得力量坚持这几个月，从而获得更多的力量，这个问题我无法回答。这就像你找第一份工作时，别人告诉你只招收有经验的人一样。这就是“第二十二条军规”，只不过人们最终会找到工作，软弱的人也能获得力量，形成积极上瘾。我认为在最初阶段，人是因为体验到了非自我批评状态而得以坚持下去，这种状态会让人放松感到愉悦，但是并不具有上瘾性。之后，他可能会体验到瞬间的积极上瘾状态，这会更进一步帮助他坚持下去。尽管所有积极上瘾者做的事情都必须是他们真正想做的，但我认为最重要的是如何去做，并且可以在这一过程中达到完全自我接纳且非自我批评的状态。如果你不能做到这一点，那么形成上瘾的可能性就会很小。所以你在选择上瘾时，要仔细谨慎。不要对自己期待过高，也不要太宣扬你想要上瘾这一事实。只要默默坚持就行，这是件很私人的事情。这样坚持下去，你就有很大的概率形成积极上瘾。

Positive Addiction

5

# 跑步

## 最困难但最确定的积极上瘾形式

> 我认为过分强调痛苦是错误的。我觉得大脑并不会记起痛苦，因为跑步带来的极度愉悦会让你感觉不到痛苦……你会磨出水泡。过去半年在哈洛，我起水泡的情况很严重，但是我不再想它们，也就不觉得疼了。每场马拉松中都会有一段时间你感觉自己被一种运动感掌控着。福斯特（E.M.Forster）曾写过关于桨手的故事，在那个故事里他说，他们都会达到一种超绝状态，而这是所有运动员的目标。你不再有自我认同感，而是成为跑步本身。我在训练时会有这种体验。我只要想着穿上跑鞋，这种漂浮般的运动愉悦，这种运动带来的愉悦就会随之而来。我感觉特别愉快，有一种真实的幸福感。这是一种良性循环：我开心的时候会跑得很好，我跑得很好的时候会很开心……这是一种柏拉图式的自我认识。跑步会让你更深刻地了解自己。

这段文字来自马拉松世界冠军伊恩·汤普森（Ian Thompson），他解释了为什么很多跑者会上瘾。这种失去自我感、漂浮感，极度愉悦，“你成了跑步本身”的状态，都是很典型的对积极上瘾状态的描述。

在 1974 年 10 月刊的《跑者世界》（*Runner's World*）上，编辑乔·亨德森（Joe Henderson）刊登了我的求助问卷。[⊖]亨

⊖ London Sunday *Times*（June 30，1974）.

德森对我认为跑步是一种积极上瘾的想法很感兴趣，说自己就是位上瘾 18 年的跑者。

## 求助

洛杉矶的精神科医生威廉·格拉瑟（William Glasser），曾著有《现实疗法》，现在他正在进行一项关于跑步和其他体育形式的新的理论研究。在此他向所有跑者求助。

格拉瑟医生说："我正在收集大量关于人们主动进行的自我提升活动，想以此来验证我的一个很有趣的心理学假设。"

他并不想解释假设具体的内容，"因为这会导致数据的偏差。但是我会在本杂志中刊登我的研究结果。"

填写下表（请单独附纸），将结果寄回 Box 366. Mountain View, Calif. 94040，请注明转交格拉瑟医生。转交的信件会保持密封，保证机密性。格拉瑟医生还说："如果可以的话，请注明姓名、地址、年龄和职业这些信息，因为我可能会直接联系你以获得更多数据。"

1. 你有规律地跑步已经有多长时间了？
2. 你会一周跑几天？
3. 你会一天跑几个小时？
4. 你是为了比赛跑步吗？

5. 如果是的话，那么你在没有比赛的时候还会坚持跑步吗？
6. 你跑步是为了获得提升吗，哪怕只是很小的进步？
7. 你是一个人跑步吗？
8. 如果你平时和其他人一起跑步，那么独自一人时，你还会继续跑步吗？
9. 过去 6 个月中，你错过了几次既定的跑步计划？
10. 如果上述次数超过 20 次，那么你错过的主要原因是什么？
11. 你（总是 / 大部分时间 / 有时 / 很少 / 从未）很享受跑步吗？
12. 如果错过了当天的跑步，你会感觉不适吗？
13. 如果感觉不适，你能描述一下这种感觉吗？
14. 体验到上述不适感之前，你已经坚持跑步几个月了？
15. 你能用除了跑步以外的其他方式缓解这种不适感吗？
16. 如果可以，那么具体是什么方式呢？
17. 跑步带给你哪些直接的身体上的好处？（如果接下来的两道题你无法回答，请跳过。）
18. 你能形容一下跑步时你主要的心理状态吗？
19. 你能通过其他方式达到上述心理状态吗？如果可以，具体是什么方式呢？
20. 自从你跑步以来，你成功改掉了哪些坏习惯或者是克服了哪种自己之前无法克服的身心障碍（吸烟、酗酒、赌博、过食、害羞、迟到……）？如果改变巨大，请给出详细情况。

21. 你还有其他自己制订的规律性活动吗，比如静坐、瑜伽、练习乐器等。
22. 你会向不跑步，但是对跑步感兴趣的人推荐跑步吗？

因为问卷的全部问题没办法在杂志的一页上完整展示出来，所以我觉得我收到的回复可能都不完整。我对纷至沓来的回复毫无预料——2000 名订阅者中大约有 700 人给了我回复。正如我估计的，回复的跑者中大约有 75% 已经形成了积极上瘾，他们都已经规律性地跑了一年，每周至少跑 6 次，每次 1 小时。对于关键问题“如果错过当天的跑步，你会感觉不适吗”和“你总是很享受跑步吗”，他们的答案都很肯定。尽管很多人会参加比赛，但是无论比赛与否，他们几乎都会跑步；事实上，很多人直到不再比赛时，才真正喜欢上跑步。几乎所有人都会每天跑 1 小时，大部分会每周跑 6 天，有些会跑满 7 天，还有少数人跑 5 天。有一部分人一周里有 6 天会独自跑步，在周日时参加集体跑步。

谈论自己的不适感时，他们的形容和典型的戒除消极上瘾时的感受很相似。乔·亨德森曾经因为脚部手术而不得不卧床一个月，他形容自己变得冷漠、反应迟滞、失眠、头疼、胃疼、胃口不好导致体重下降。他说：“我感觉自己失去了很想得到的事物。”

对跑步的上瘾并不是立刻形成的。很少有跑者在具备足够的耐力之前就能形成积极上瘾，因为他需要耐力让自己能够不费力地跑 1 小时。对大部分人来说需要至少 6 个月的时间，而有些人需要的时间更长。乔·亨德森到现在已经跑了 18 年，他最开始花了两年的时间才对跑步上瘾。那些没有一开始就参加学校比赛的经验丰富的跑者能更快地对跑步上瘾，但是在上瘾之前，任何跑者都必须怀着跑步对身体有好处的信念坚定地跑下去，而且事实也的确如此。一旦形成上瘾，跑者几乎能跑多久就跑多久——七八十岁的跑者并不少见。

当跑者因为生病或者受伤而不得不停止跑步时，有些人会通过其他锻炼来减轻痛苦，另外一些人会进行静坐。乔·亨德森选择了骑行，虽然并不像跑步那样愉悦，但骑行确实帮他缓解了痛苦。他说没有其他活动能够代替双脚踏在地面上的感觉，也没有其他活动能够代替自己身体发出动作带来的愉悦。几乎所有跑者都会强调身体运动带来的愉悦，就是伊恩·汤普森在开篇提到的那种自在沉醉的感觉。我相信跑步为积极上瘾创造了最佳环境，因为这是我们最古老也最有效的生存机制。那些通过跑步生存下来的人是我们的祖先，所以对跑步的需求刻在了我们的基因中。当我们有足够的耐力，可以很轻松地完成长距离跑步时，感觉良好的跑步体验就会再次激活我们身体里古老的跑步神经程序。一旦这种情况发生，我们就会达到一种精神状态，从而产生满足感，这种感觉带来的自我批评感远少于其他我们能单独完成的活动。

如果你想要证据证明我们真的具有需要跑步的基因，那么你可以仔细观察儿童。你会发现，绝大多数孩子总是有意识地学走路，但不会有意识地学跑步。你会看到两三岁孩子的父母不断地跟孩子说慢点儿，别跑。因为身体里几百万年前就有的跑步神经程序，促使孩子像幼犬一样天然地会跑步。他除了发展这项活动外，别无他选，虽然他不像先人一样需要跑步才能生存下去，但是他依旧需要跑步。如果你不能跑步的话，就很难度过儿童时期。只是到了近代，大部分成人才不需要跑步就能生存下去，如果你居住在大城市的中心区域，可能会对这种观点持有异议。

正是因为跑步的非自我批评性，而且先人的脑通路中已经产生了这种神经程序，所以当我们轻松地跑步时，就可以让大脑的大部分得以自由运转。当这种情况发生时，人们很容易就能进入让人极度愉悦的、独特的积极上瘾状态中。尽管我很确定，当原始人可以没有压力轻松地跑步时，这种状态对他们来说很重要，但是这种状态在今天正变得更加重要。很多人类学家认为我们的大脑很难应对文明产生的压力。简单点说就是我们需要比现有更多的神经通路，如果能通过跑步获得神经通路，那么正常人肯定都会考虑这种可能性，尤其是如果我们对生活的各个方面都难以应对时。

为了获得力量而跑步也就意味着要为了上瘾而跑步。积极上瘾状态才是最有价值的。在我问卷的反馈中，很多跑者都达到了这种状态。他们对这种状态的描述不尽相同，但是也有一些相似之处。有些人完全没有描述这种体验，因为在他们的大脑完全放松时，没有任何实质经历可以描述。他们一般都给出了处于积极上瘾状态时的感受。当某种思维或体验通路被激活时，人有时会产生短暂的意识，多数情况下会比伊恩·汤普森说的“确实会有种很强烈的感觉，并不只是你自身，而是一种运动带来的感觉”更加明显。就像汤普森一样，很少有人能形容这种极其强烈的感觉，但是他们在其他事情上体验过这种感觉。这种感觉通常都很愉悦，让人特别开心，这就是积极上瘾体验的核心所在。

在下面的一些问卷回复节选中，我会试图让你体会一下这种感觉。有些跑者的表达能力很强，有些经历的积极上瘾状态比其他人都要多。你无法描述自身的体会，并不能说明你的真实经历就比别人多或者少。我并不能保证只要你跑步，就会产生下述的那些感受或想法，但是和那些回答说这种感觉对自己很重要的人一样，你的感受可能对你而言也很重要。我能说的就是，如果你愿意花时间让自己对跑步上瘾，那么你就会收获力量的增加。但是你必须付出努力，或许需要长达两年的努力，所以尽管跑步是最确定的形成积极上瘾的方式，但并不是最简单的。

39 岁的兼职教师玛莎·克洛弗（Martha Clopfer）已经跑步 5 年了，每周跑六七次，每次跑 0.5～3 小时不等。有时她会独自跑步，有时也会和她的丈夫一起跑。她很喜欢跑步，只在自己觉得要感冒的时候才会停一天。她说："如果我连着几天没跑步，就会觉得很懒散，会便秘，精神也会不振。"在这种感觉定期出现之前，她已经跑了一年，但是玛莎并没有承受太多痛苦，因为在过去的 6 个月中，她只有 5 天没有跑步。她形容跑步带来的身体上的好处有"很少得感冒，就算感冒也没有原来那么严重，我可以随心所欲吃东西而不用担心体重，心率也有所下降"，但是回答第 18 个问题，关于跑步时的心理状态，她说：

> 静坐可能是最贴切的词，但是这和贵格会[⊖]的静坐有很大不同。我知道的最相似的心理状态可能是放松听音乐时候的心理状态。跑步的节奏也是很重要的因素。有时我在跑步时就能想出解决问题的办法或者要对别人说的话，但这并不是思考的过程。更多的是一瞬间灵感的闪现，就在当你最不在意寻找答案时出现。我认为思考和跑步是无法同时进行的。

---

⊖ 贵格会（Quakers），又名教友派、公谊会，兴起于 17 世纪中期的英国及其美洲殖民地，贵格会的特点是没有成文的信经和教义。——译者注

我引用玛莎的答案是因为很多人在回答第18题时，都给出了很类似的答案。一旦有机会，大脑就会自己处理事情，处于积极上瘾状态时就会无意识地解决很多问题——唯一的意识证据就是灵感的闪现，这也是很多对跑步上瘾的描述。在这种状态下，一切都会在你的大脑中自由运转，包括你的问题，解决方法则会毫不费力地在你脑海中不时闪现，就像旋转的轮盘赌恰好停在了正确的数字上。

24岁的蒂莫西·查尔斯·马斯特斯（Timothy Charles Masters）已经坚持跑步4年了。他独自跑步，每周跑4次，每次跑15英里（约24千米），差不多每天跑45分钟～1小时。他是为了比赛而跑步的，但是没有比赛时也会坚持跑步。在过去的6个月里，他没有落下过一次训练。他在“一次”后面又加上了“一次也没有”来强调。他形容那种不适为“当我错过训练，就感觉好像让自己失望了。我自身的诚实受到了打击。在我下次跑步之前，这种内疚感会不断累积。”但是因为他在过去6个月里没有落下任何训练，所以这种痛苦并不是他实际经历的。他继续说：“不过我很开心能有这种感觉，因为这就像监察员一样，监督我跑步。和现在社会中倡导的自由和权利相反，我是被迫跑步的。”他说，错过一次跑步带来的痛苦和不适是渐渐显露出来的，但是在他开始长距离跑步的两三个月后，这种感觉开始变得明显。他说自己试了很多其他方法，但都无法缓解这种不适。拉伸和仰卧起坐只能起到部分的缓解作用，他也告诉自己落下一次没有关系。他对自己说：“一天不跑没关系，过去几周中你已经跑得很努力了。”但是，这只会让他轻松一会儿。他说他的心率已经降到了46，他身高1.83米，体重150磅（约68千克），不需要控制饮食，他说自己的心血管处在最佳状态，而好的身材让他“有了需要的全部自信”。

他进一步形容说：“跑步还改变了我的人生观，物质不再重要。除了家庭责任，我觉得没有事情比跑个15英里或3个小时内的马拉松更重要。”

对第18题，他这样回答：

> 当我进入跑步状态时，我会尽可能地专心，但是我的思绪会飞到任何事情上，处于一种完全自我完全满足的心理状态。尽管你会看到行人、汽车、公交车、学生、狗等，但我跑步时只能感受到自我。人们可能会对我大喊，孩子可能追着我跑几百米，但是因为跑步的本质（这很难而且是身体的需求），你可能会只关注自身，没有人会闯入你的跑步世界，因为从物理上来说就是不可能的。如果另外一位跑者加入或者打断也没关系，因为他跑步的原因和你相同，也有很多相同的感受。

对于推荐跑步（再次强调这是经过深思熟虑、值得经历的）他说：

> 我肯定会向不跑步的人推荐跑步，但是并不会很激进。当我在一些圈子里谈论跑步给身体带来的好处时，我只会随便说几句，如果别人问我跑步的事情，我会推荐跑步，但是并不会很激进地推荐。我对他们的问题知无不言，并且会鼓励他们——但绝不会强烈推荐。

他最后自己又加了一段话：

> 对于每位跑者而言，跑步都是极度自我的，跑步的重要性塑造了很多跑长距离人的生活。除非发生意外事故，否则我觉得自己不会停止跑步。跑步已经成了我生活中很重要的一部分，我对自己的现状和目前的生活感到很满意，不想和任何人交换。

约翰·罗默三世（John Roemer Ⅲ）也做了详细的回答，他还附了这样一段话："我对心理学研究并不感兴趣。我很反感跑者啰唆很多跑步或者自己训练的事情。"他之后说，36 岁时他已经跑了 5 年半，每周跑 6 次。备战马拉松时，他每天跑 45 分钟～1 小时，其他时间每天会多跑 15 分钟。用他的话说，"比赛是调味品，跑步才是主菜"。在过去的 6 个月里，他只跳过了 5 次计划中的跑步，3 次是因为受伤，一次是因为在赶路，还有一次是因为太疲惫。如果不是受伤严重，他会很享受跑步。

在回答第 12 题时，他说："如果错过了一天的跑步，我感到的将不仅是不适，这对我而言简直是灾难。"他紧接着形容了这种灾难：

> 这就好比失去了一项能给我带来愉悦的活动，我对一切都提不起兴趣，对那些让我错过跑步的事情感到烦躁生气，不论这件事情多有用，我都感觉很内疚，特别抑郁，简直觉得人生失去了意义，所以很多优秀的跑者在肌腱拉伤的情况下也可能会继续跑步。

如果因为受伤而不得不长时间停止跑步，那么这对他而言简直太难受了——在过去的 5 年半时间里，他有过两次这样的经历，一次是 1973 年，他在一次 50 英里（约 80 千米）的比赛中膝盖受伤，休息了一个多月，还有一次是在 1974 年 1 月，他因为肌腱受伤休息了 3 周——"第二次受伤让我很受打击，我一度以为自己的跑步生涯就此结束了"。他怀疑这种不适并不是在跑步初期就有，但他肯定是在跑了 6 个月之后出现的。

至于如何缓解这种不跑步带来的痛苦（第 15 题），约翰说：

> 没有办法能缓解这种痛苦。散步、骑车、游泳以及性爱都很让人愉悦。如果我的肌腱永久性撕裂，我推测其中的一两项或许可以替代跑步，但是散步、骑车、游泳之于跑步，就像是自慰之于性爱，前者并不能完全替代后者。

他描述了很多跑步带来的身体上的好处，之后描述了他的心理状态：“我的身体和心理都获得了很大的满足感，感觉一切都很舒心，没有忧虑。”他也很赞同玛莎·克洛弗说的跑步和思考两者不相容。约翰·罗默继续说：“我在跑步的过程中无法思考生活或者工作上的问题。这些问题变得无关紧要，思考变成了很长很慢的动作，仿佛被拉长了一样。我经常让大脑暂时停止工作。”他体验了“对光线、温度和气味的高度敏感，有时也会有无法言说的快乐。我想张开双臂，自由漂浮”。如果你阅读了所有问卷回复，就会发现这种说法比比皆是：我想要飞翔，我想要漂浮。有位答复者说：“这就好像我的思绪在自己的身体旁漂浮着，用一种很好笑的方式看着我的身体，看着它在努力奔跑，而思绪却自在漂浮，有时在前面，有时在后面，有时在上面，有时在下面。”

在回答第 19 题时罗默说，游泳，尤其是长距离游泳是最接近跑步的。如果我能够调查游泳者的情况，或许会对本书很有帮助，因为我确定积极上瘾状态也会在游泳中出现，但是就像我之前说的，人们跑步是为了生存，却不会为了生存而游泳。因此游泳是后天习得的，不是一项先天就会的生存活动，并没有印刻在我们的大脑中。有趣的是，在回收的所有问卷中，只有一个人对游泳上瘾。她之前是个跑者，但是受了伤不能继续跑步，所以开始游泳，而且发现游泳也会带来满足感。

在说到跑步带来的心理益处时，约翰说：

> 我之前没有什么严重的不良习惯，但是跑步确实帮我减轻了开车时的紧张狂乱，自我强迫的过量工作，以及对社交改变的焦急需求。我不再那么严肃，变得更加随和，也不会必须在一个晚上解决所有问题，在生活中变得更易相处，更有能力让自己忽略和避开那些无关紧要且让人心烦的事情。

他还说，尽管他过去习惯在各种会议上滔滔不绝地谈论各种问题，但是现在，“多数情况下会安静地倾听，如果没有什么重要或者独特的想法，我一般都会保持安静。”就像我说的一样，他也说自己变得更快乐、更自在，而且除了跑步之外，他没有其他任何自定的任务。在回答第22题，即关于向他人推荐跑步的问题时，他说：

> 所有人都应该跑步。跑步会消除憎恶和攻击性，让人过得更幸福，创造出更好的自我价值感。我认为我们应该让服刑人员、精神病患者和学校的学生都定时跑步，而且偶尔举行跑步比赛。如果所有人都跑步，那么就可以完成重大变革，汽车会被抛弃，无用的奢侈品和强迫行为也会消失，我们会建立合理的秩序，环境会得到保护，各类种族主义也得以终结。

这里很有趣的一点是，他说他从跑步中收获的几乎和玛哈瑞诗·玛哈士所说的如果所有人都练习超觉静坐，就会带来改变一样。我不知道积极上瘾是否会拯救世界，但是我很确定，积极上瘾的人越多，给世界带来的帮助就越大。约翰·罗默继续说：

> 大多数人对跑步都是浅尝辄止。他们可能一次跑得太多，或是跑步环境太差（他自己在森林里跑），或是他们不喜欢跑步带来的些许痛苦，又或是他们无法早起。跑步意味着你需要在半小时或1小时的时间内进行自我提升，在这段时间内要保证没有任何事情可以影响你跑步。

在这里他提到了很多跑者都说到的一个问题，那就是最好在一处安静自然的地方跑步。一个人越分心，就越难以享受跑步。边叫边追着跑的狗是所有跑者的痛苦之源。

27岁的吉姆·科里（Jim Corey）已经跑步11年了，他每周跑5天，每天跑1小时。在过去的11年中，他有8年是为了比赛而跑步，但是在最近3年中，他大多数情况下都是“从跑步中获得乐趣”。他有个很有趣的评论，很好地支持了我的观点——积极上瘾的必要条件就是非自我批评状态。在第13题中，他和大部分跑者一样，将自己的不适形容为内疚，因为自身懒惰而产生的自我鄙视，以及失去让人愉悦的体验带来的感觉。但是在第 14 题，我问在这种不适规律性地出现之前花了多长时间跑步，他这样说：

> 在我刚转为非比赛者，享受跑步的乐趣时，我在一两个月之内就体验到了这种不适。在高中和大学阶段，我为了比赛而跑步，那时我从来没有因为错过一次跑步而感觉不适。相反，我有点儿类似从一项无聊的任务中逃脱出来的解脱感。

这再次证实了积极上瘾必须是你自己想要做的事情，而且在这其中你不会失败。如果有人举着枪追着你，想要让你对跑步产生积极上瘾，我觉得成功的可能性远低于他举着枪追着你让你对海洛因产生消极上瘾。吉姆这样描述他的心理状态：

> 真正进入跑步状态时，我会有两种心理状态。有时这两种都会在跑步的过程中出现，有时只出现一种。奇怪的是，这种状态似乎和天气有关。天朗气清时，我会感觉很棒，而闷热潮湿时，我会感觉一般。其他因素有路段的新奇程度、路段特点（包括环境是否优美，是否适合跑步等）。我会把第一种心理状态形容为具有理性认知的本质，它和跑步同时发生，整体而言，从一些方面来说并不让人满意。天气炎热，狗在烦我，因为我跑了太多次，跑步路线也变得很无聊。（我觉得他在这里很清楚地描述了积极上瘾状态）

第二种是非认知的或者是非理性的，相反，这种状态是很自我超越的。我只是知道自己在跑步。我会本能地绕过突然出现的障碍物。我像是在漂浮一般。我就像一只鹿一样在奔跑，感觉特别棒。我完全没有在思考。我只意识到了当下，甚至都不算是意识。大脑不再转个不停。这种状态通常会在秋高气爽、独自跑越野路线的过程中出现，但是在其他时间也会出现。

对于第 20 题，他这样回答：

享受跑步的乐趣之后，我不再那么紧张不安。我认为跑步让我看到了很多美好之处，而这种对世界中美好的发现也让我能更好地发现人们身上的美好。我比之前更能接纳别人，而别人也更接纳我。因此我的人际交往习惯和技巧都得到了提升。

48 岁的内科医生马特·布朗（Matt Brown）这样回答：

作为内科医生，我觉得自己可能比普通人更能觉察跑步带来的益处。几年前我可能无法这么轻易地说出这些答案。我从不担心自己的健康状况；我几乎没受过伤，顶多起个水泡。在 7 月的一项压力测试中，我表现很好（这本来是心血管健康测试），但是从主题来看，我觉得整个过程很无聊（一直在谈论跑步有多健康)。我并没有抱有幻想说自己找到了阻止衰老的方法,但是我确实感到了部分朋友和熟人对我的一丝嫉妒。

马特·布朗在这里说的是很多跑者的脉搏频率和血压都大幅下降,这可能会让他们产生幻觉,觉得自己不会变老。我觉得他说得很清楚:“你的身材会更好,但是即便跑步,你也会变老。”在回答第18题谈论关于跑步过程中的主要心理状态时,他说:

> 这听起来很琐碎。有时,而且总是在开始阶段,你会感觉跑步就像一种让人舒心的仪式,就像是学生的课堂常规,或者是拉琴前的调音,又或者是手术前的清洗消毒。在此之后,你可以和同行者一起聊天慢跑几千米;如果是快跑训练,并且其他各种外界事物会有干扰,那么你就要集中注意力跟上节奏。幻想一下也是可以的,但是我觉得在跑步时进行长时间的幻想和长时间的逻辑思考一样困难。想法可能会闪现,就像一行诗,但是很难将这一行诗扩展成两三行。在跑步过程中,通常会出现一种以自我为中心的状态,你在这种状态下会感觉自己像一个完全的有机体,正在努力工作,这种功能的兴奋状态总体感觉良好,会让人忽略诸如水泡这样的微小不适。我不知道这是否有些神秘色彩,或只是动物性的感觉。我并不是很清楚这两者之间的差别,但它们都是人对周围环境意识

> 的不同形式。在不同情况下，我确信这会和内在状态相融合。

我认为他印证了我的观点，即积极上瘾心理状态是一种古老的生存心理状态，就像他最后说的那句话一样，这种心理状态能和积极上瘾状态相“融合”。

38 岁的商人罗纳德·龙博斯基（Ronald Rombalski），为人体贴，考虑周全，他回答了第 18 题（关于心理状态的问题），我认为他的答案更深地解释了积极上瘾状态的本质。他说：

> 如果我感觉疲惫，那么所有跑步的最开始几千米都很困难，因为我的思想促使我的身体在向前跑。跑了几千米之后，潜意识就会掌管我的大脑，我的身体机能也开始自动运行。我的大脑就可以自由运转了。只有在我努力跑短距离、爬坡，或者跑特别长的距离时，大脑才会考虑到跑步，并掌控我的身体。我无法将跑步时出现的想法分类，而且在过去的两三年里我一直尝试这么做。我能说的就是，大脑并没有在意我的身体或是我周围临近的环境。就好像我的大脑在真空中休息。请注意，我说的是休息而不是运行。

之后他说了一些很多跑步上瘾者也都赞同的事情：“事实上，跑步给我带来了一种高于其他非跑者的优越感。”这并不是一种以自我为中心的优越感，只是让跑者感觉自己比其他人优秀而已。这种感觉的前提是，他们必须认为自己的生活因为跑步而变得更好了。

40 岁的理查德 · 卡尔（Richard Carr）从 1969 年 8 月 17 日开始跑步，每周跑四五次，他说自己到目前为止已经累积跑了 5244 英里（约 8439 千米）。他说如果不跑步，他的大脑好像就会变得一团乱，他还强调说，他不得不出门跑步，没有选择。有个冬天他在浴室内跑步，他说除了弄坏管道之外，并没有其他损失，而这让他之前由跑步获得的益处得以保留。他罗列了很多跑步带来的益处，但是说到心理状态时他说：

> 一种特别感、胜利感、清洁感、永恒感、友善感，还有一点儿积极的孤单，类似于一次持续很久的自慰，还有闪耀的无限未来；关于整个大脑、整个身体、周围的一切事物，关于过去、现在以及永远。肯定还有点儿宗教的感觉，因为无论是个人还是集体，这种感觉和永恒是如此相配。

他得到的心理上的好处如下：

> 在早期没有意识的情况下，我就克服了害羞和熬夜，现在我各方面的能力都得到了提升，总的来说我现在看电视少了，喝酒少了，也不再浪费太多时间。

> 我在社交场合比原来放松很多，和原来相比，我更能享受坐在那里和别人聊天了。

下面的内容来自威廉·巴特（William Bat），他证明了我的观点，那就是无论积极上瘾状态是什么，能够通过不同的方式达到，但这种状态是不变的。在回答第 18 题关于心理状态时，他这样回答：

> 我认为对这种状态最好的描述就是一种心灵的升华，类似于在超觉静坐中体会到的那种感觉。对我而言，这是一段远离精神压力和固定思维的时间，让我可以忘我地沉浸在自然之中。有几次我在跑步刚开始的时候想在跑步过程中思考一些问题，但是这行不通。我几乎是立刻深深陷入跑步这种简单纯粹的行为中。

当回答是否能通过其他方式达到这种状态时，他再次证实了这点，说：“我可以通过超觉静坐达到这种状态，但这需要我每天花两个 20 分钟的时间来静坐，而且需要比较私密的空间，在现在典型的生活方式中，这两个条件都很难达到。”

尽管我之前已经提到积极上瘾可以让人们戒除吸烟这样的不良习惯，但是我认为威廉·巴特的表达更好：“我在 15 岁的时候开始吸烟，20 个月之前，我成功戒烟。过去最严重的时候，我每天要抽两三包烟（他在差不多两年前开始跑步）。”

我认为跑步和吸烟之间的互不相容，在跑步与焦虑的关系上也同样适用；事实上，因为焦虑和吸烟似乎总是同时出现，所以力量的增加似乎可以帮大部分跑者同时戒掉这两种不良习惯。

36 岁的贝齐·怀特（Betsy White）是 3 个孩子的母亲，她已经跑步两年了，每天跑 1 小时。她已经对跑步上瘾，在开始跑步的两三个月后，不跑步的时候她会感觉自己变胖、变懒，脾气也变差。她感觉自己身体变得更强壮了，其他问题她回答得都很简略，但是在回答第 18 题，关于心理状态时，她回答得很详细。她是这样回答的：

> 这种状态不尽相同。有时我的思维会很活跃，我会计划很多其他事情，比如确定菜单，制订家庭活动，或者是规划我当时正在进行的研究或写作。其他时候我的大脑似乎自己放空了，让我强烈地意识到周围的情景，以及我呼吸和跑动的频率。第二种状态会让我感觉更放松，但是我有时在第一种状态下也会收获很多，会构思好几页的写作内容或其他工作。

贝齐和其他人有些不同，因为别人都说他们无法在跑步中思考。我认为其他人处于积极上瘾状态的时间更多，而她更多处于前积极上瘾状态，具体细节我会在下一章探讨。因为她是非自我批评的，所以她的大脑更开放自由，但是她并没有一直沉浸在她所说的第一种状态中。

35 岁的菲利普 · 西蒙（Phillip Simon）已经跑步 4 年了。像其他跑者一样，他说："我要是错过当天跑步的话，会感觉很受挫、很恼怒，对他人很不友善，容易动怒，总体来说就是很不开心。"但是在过去的 6 个月里，这位上瘾的跑者从未落下一天的跑步。在回答第 14 题时，他的回答和其他人一样，在我看来很清楚地陈述了跑步缓慢上瘾的本质：

> 时间并没有跑步时的投入重要。在一开始，我只想一周跑几天，在哪天跑似乎并不是很重要。决定增加跑步频率和距离时，我开始感觉自己无法错过计划中的跑步。更具体地说，我觉得我是在开始跑步 8 个月之后感觉自己无法错过既定跑步的。

现在他每天都跑步。

我把他的答案归到第 18 题下面，因为他说：

> 我从来没有在跑步时出过事，除了类似有人几乎撞到我，但是我并没有很沮丧，也没有影响跑步。事实上，就像昨晚，我差点儿出事，我跑得离家很远，到家之前，我陷进自己的思想之中，走神了。

在说到他的这次险遭意外时，他也证实了那位多伦多跑者所说的在积极上瘾状态下跑步是很危险的，他说自己从来没出过事，这再次证明了很多回复者所说的跑步和生气并不会同时出现。我认为生气是我们自我批评程度最深的一种体验，就像我之前所说的，跑步或许是自我接纳程度最高的活动。在回答第 20 题时，菲利普这样说：

> 直接回答之前，我要先说一点背景内容。4 年前的春天，我比现在重 100 磅（约 45.4 千克），到了 250 磅（约 113 千克）。我当时很乐观，每周会玩几次手球，并没有感觉自己超重很多。我十几岁的时候就开始抽烟，在胖了 65 磅（约 29.5 千克）之后，我就戒了。我当时随心所欲地吃喝，毫不在意这给我带来的后果。

他接着说：

> 长话短说，我现在不喝任何酒精饮料，不抽烟，每天的饮食都很严格。我认为这些变化和跑步有很大关系。我并不反感别人喝酒——我的妻子既抽烟又喝酒。我们会在家中设宴招待客人，我还收藏了不少好酒。我不觉得抽烟喝酒和跑步可以同时进行，虽然我并不想这么做，但如果将来不跑了，我可能会偶尔喝点儿酒。

在问卷的结尾处，他说：

> 昨天，我在读了这篇文章之后去跑步，然后开始回答问卷。我试着思考自己在跑步的时候都想什么，因为坐在打字机前的感觉和在外面沿着马路跑步时的感觉很不同。我发现自己在长跑中似乎没有思考过任何特定的东西。我一般是沿着路跑，留心前面的路，但是也没有任何原因。我曾经试过带着便携收音机和耳机跑步，但结果并不是很让人满意，我感觉收音机影响或侵犯了我的隐私。尽管带着收音机并不累赘，但也不是很不舒服，我在那之后再也没有用过收音机。

西蒙很清楚地说明了积极上瘾状态的一个重要特点，在享受跑步的时候，会产生强烈的隐私感，暂时不需要其他人或事。

商人约翰·里德（John Read）这样描述他跑步时的心理状态：

> 有时我能够集中注意力，解决困扰自己多日甚至更久的难题。另外一些时候，我进入了一种有意识的极度愉悦之中，完全沉浸其中，很清楚我当时没有任何内疚感，而我之前在喝酒喝多了的时候常常会有内疚感。

他形容自己过去活得就像个绝望的酒鬼。之后在回答他从跑步中获得的心理上的益处时他说：

> 我现在每时每刻都感觉很有活力，充满热情，我的思维更敏捷、更清晰了。我总是觉得自己可能会想喝点酒。正式跑步之前，我就已经戒酒了，但是跑步让我彻底断了喝酒的欲望。即便有人说我现在在社交场合小酌几杯没有问题，我还是丝毫没有兴趣。我感觉特别放松，能在鸡尾酒会上喝加冰块的姜汁饮料，玩得很开心。

要是说这种感觉很让人满足，总的来说还是有点保守，因为里德在问卷最后还加了下面这一段话：

> 我是一名商人，今年48岁，现在在商务行程的飞机上写这段话。跑步给我的生活带来了惊人的改变，使我不会再次回到原来那种几乎毁了自己的生活中。

我们在这里再次看到了积极上瘾的力量，它帮助人们克服消极上瘾。当然，我并不是说积极上瘾是对抗消极上瘾的万灵药。我认为世界上没有针对软弱的“万灵药”，但我确实相信这只是一条还没有完全开发的林荫大道。很有可能的是，那些有力量追求消极上瘾的人也能够去追求积极上瘾，因为这两者都可以自己完成，而不需要他人来获得满足。他们可能没有力量出去寻找爱的价值，不过这不一定，但是他们有可能拥有进行跑步的力量，因为跑步并不需要其他人的帮助。如果能做到这一点，那么他们也有可能获得约翰·里德所说的相同的益处。

39 岁的戈迪·谢弗（Gordy Shafer）是名牙医，他成功减掉了超出的体重，而且完全消除了长期的下背疼痛。他说不再需要之前那么久的睡眠时间了，因为他的心血管状况改善了很多。他对第 18 题的回答是：

> 或许我都能写一本关于这个主题的书了。总体来说，我会把这种感觉比作自信和幸福，并伴有和其余世界的完全隔离感。在我跑步中的某段时间内，世界完全停止了运转。这种状况在比赛中并不常见。人在比赛中会感到高度集中、高度警觉，这几乎就是日常跑步的反面。

我们再次看到了比赛对这种被动愉悦的积极上瘾状态带来的负面影响，但是比赛带来的主动愉悦平衡了这种影响。虽然很多跑者都很好地将这两种体验融为一体，但是就像谢弗说的，它们是两种不同的体验。他继续说：

> 我觉得和这种感觉最像的就是人们刚开始沉迷于酒精的感觉。那种所谓的幸福温暖的感觉。在跑步之后，我获得了很强烈的满足感，并且准备好了迎接任何挑战，有种超我的感觉，就是比赛的反面。赛后，我通常会觉得我能做得更好，我会思考为什么没有做好，我下次要做得更好，经常是一种失败和满足的混合感。甚至在取得了个人最佳成绩后，我仍感觉本应跑得更快。我无法用其他任何方式完全获得那种非比赛时的感觉。至于幸福感，以及不受外界打扰的感觉，最接近的可能就是喝酒了。而和其余世界的完全隔离感，我认为应该是极度愉悦，和做爱时的心理状态很像。怪不得我想每天都跑步。谁会不喜欢酗酒狂欢中的一顿日常饮食呢？我猜我是坐在打字机前才想出了这种假设。

我没有什么别的要补充的了。跑步，或许因为是我们最基本的独自生存活动，会产生非自我批评的状态，所以比其他活动更为有效。如果让我向别人推荐积极上瘾，无论他现在力量情况如何，是我们之中最软弱还是最强大的，我都会推荐跑步。循序渐进，开始的时候要请医生检查一下健康状况，然后努力跑步，直到能连着跑 1 小时而不感觉疲惫，那时基本就能很规律地达到积极上瘾状态了。这个过程需要多长时间，取决于个人。如果不是为了参加比赛，而跑者又是在优美的自然环境中独自跑步的话，一年内应该就会形成积极上瘾。乔·亨德森说，跑步并不适合所有人，但对我而言很显然是适合的，能从跑步中获得绝佳好处的人数绝对比现在跑步的人数要多得多。

Positive Addiction

# 6

# 静坐

## 最受欢迎的积极上瘾方式

尽管很多静坐方式在经历了几百年的检验后，都证实其确实很有价值，但普通大众开始关注是最近 15 年的事，在玛哈瑞诗·玛哈士通过电视宣传超觉静坐之后。我认为玛哈瑞诗是静坐界的亨利·福特（Henry Ford）㊀，我对他充满敬意。他提出了一个已经隐匿数千年的概念，并向大众普及，让超觉静坐成为 50 多万人日常生活中的重要部分，而且现在每个月都有数以千计的人开始接触超觉静坐。玛哈瑞诗最大的贡献之一就是把静坐中很多错误的神秘色彩和知识上的势利剔除了。每个人都可以接触练习超觉静坐。

玛哈瑞诗是位很敏锐的商人，他将这些贡献的商业价值通过遍及世界的组织发挥出来，而这又积极地推动了他教授超觉静坐的益处。现在仍有一些人对他的成就有所误解，因为虔诚的跟随者人数众多，而其中很多人都不怎么工作，或者完全没有收入。我不得不得出结论，认为超觉静坐得以发展是因为其价值。即使静坐者达不到积极上瘾状态，也会得到好处，之后我会做简短的解释。但是从本书的立场来看，超觉静坐最大的价值在于这是一种简单易学的静坐㊁，很多人都能由此定期达到积极上瘾状态。如果这种情况发生，那么这类人就能对超觉静坐产生积极上瘾，而这会给他们带来前面所说的所有益处。

在本章中，我并不会讲授超觉静坐的概念，或其他相似的

---

㊀ 亨利·福特（1863—1947），美国汽车工程师、企业家，福特汽车公司的建立者。——译者注

㊁ 超觉静坐是一种静坐技巧，需要颂唱、特殊的声音或梵文词，由老师专门为学生挑选，是静坐的重要组成部分。

静坐形式，就像我不会教你跑步一样。如果你想要学习静坐，现在有很多具备相关资质的教师。但很明显的是，很多人在享受静坐的同时，也认为静坐给他们的生活带来了积极改变。他们会坚持静坐，也会试着说服亲友尝试静坐。24 岁的辛西娅·鲍威尔（Cynthia Powell）是南卡罗来纳州的一名教师，她下面写的话很好地说明了这点：

> 我填了你的问卷，但是我重新看了一遍后感觉没有表达出自己对静坐的看法……我希望所有人都能开始静坐。静坐是我人生中最大的改变。我真的这样觉得。我不理解它的作用原理是什么……但是我知道它确实会给人带来改变。静坐改变了我，而我之前并不是因为想要改变才开始静坐的。我之前觉得自己过得挺好的。我开始静坐是因为我的丈夫要开始学习静坐，而家庭套餐更便宜。正如我在问卷中说的，我觉得任何经历都是有益的，而且我想要认识一些静坐的“怪人”(现在我也是其中的一员了。比起做个正常人，我肯定更喜欢做个怪人）……我开始静坐时没有一丝期待，现在我生活中发生的变化数都数不过来，我认为原因就在于静坐。想不想听一些我生活中发生的变化？你肯定想听！(我现在还是有点担心，感觉写这封信傻乎乎的。)
>
> 首先，我减了差不多 18 磅（约 8.2 千克）。我之

> 前并没有觉得自己很胖，但是现在我感觉特别好，我不会像之前那样在吃东西的时候一直神经紧张。今年夏天开始静坐时，我正在为获取硕士学位而努力。我之前一直觉得上学有点无聊。我当时想从学校毕业，因为这能提高我的薪水，但是今年夏天，我真的开始喜欢上了学习。我开始去教授办公室问问题。我做了所有作业，还做了其他研究，因为我对所学的课程特别感兴趣。这是我教书的第四年，也是最好的一年。我从不会因为为学生付出而感到疲倦，反过来，学生也会为我做很多事情。我感觉自己看事情更透彻了。我之前一直将所教的班级看作一个整体，但现在我看到的是很多个体，这让教学更加简单，也更加有趣。社交方面，我和朋友之间的关系更加亲密，我也能更轻松地了解他人。我对自己感觉很自信，觉得有些很有价值的看法需要说出来。我养的植物也长得更好了。我现在能记起给它们浇水了。我能想出十几处改变。就在我给你写这封信时，我还在想要不要寄给你，但是如果有更多的静坐者能多分享点自己的体验，那么可能就会有更多的人开始静坐，我们也就不会感觉竞争心切、缺乏安全感或疑神疑鬼。

在我想让像鲍威尔夫人这样的静坐者填写简单的问卷时，我联系了超觉静坐组织，因为这个组织不仅有大量静坐者的联系方式，而且它很支持关于超觉静坐的研究。不幸的是，超觉静坐者并不是很配合，有两个原因。一是他们很反对我问静坐者在想什么，二是反对我把静坐称为一种上瘾。他们反对我询问关于静坐者大脑的情况，说这并不重要，而且结论不应该从这样的答案中得出。超觉静坐者坚持认为，真正重要的是他们什么都没想。我原则上很同意这一点，但是为了研究目的，这一原则偶尔也要妥协，因为事实是，在顺利地静坐时，他们的大脑中确实有东西在运转，而这正是本研究关注的点。

随着本章的推进，你会看到很多静坐者，其中超觉静坐者占大多数，他们都能够讲述自己的体验，我认为这补充了该领域的研究。超觉静坐者本应该对静坐的效果和静坐者的力量有更多信心。对于“简要回想典型静坐的某个情形中，他们自己在想什么”的情况，问卷回答者中没有人对此感觉不适。静坐者愿意而且能够很清晰地描述积极上瘾状态，在静坐时很多人都偶尔达到过这一状态，也有一部分人会定期达到。超觉静坐者确实对我把静坐称为积极上瘾而感到不快，在研究了约 700 份问卷后，我部分同意他们的观点。无论以什么频率达到积极上瘾状态，静坐者都会对静坐上瘾，但是很多人并没有达到这种状态，或者因为达到的次数太少而无法形成上瘾。不过，他们还是会继续静坐，我认为很重要的是，我会解释为什么静坐或其他在第 4 章提到的精神型活动会带来益处，即便参与者很少或从未达到积极上瘾状态。

在回答我问卷的约 700 人中，大部分都经常达到高度愉悦的积极上瘾状态。因此，几乎所有跑者都会在错过几次跑步后忍受从中度到严重程度不等的戒瘾性痛苦。静坐者的痛苦程度要低得多。少于 40% 的静坐者没有提到任何形式的不适，不到 5% 的静坐者说自己在错过静坐时会忍受巨大的痛苦。这并不是说静坐没有益处，但是通过静坐达到积极上瘾状态的比例确实要低，因此其益处也相应要少一些。而静坐为所有静坐者提供的是让他们能在每天固定的时间内用一种非自我批评的方式接纳自己大脑中的想法。这样做后，静坐者的大脑会更加开放自由，而我们大部分没有在固定时间保持非自我批评状态的人则无法获得。这种情况发生时，身体会有明显的方式，因为我们处在任何接近精神力量的时刻，会通过身体上的放松立即体现出来。对有的静坐者来说，他们只能到达这个程度，永远无法进入高度愉悦和非常私人化的非认知积极上瘾状态。他们无法达到积极上瘾状态的原因我并不清楚，但我认为是因为他们无法完全不干涉大脑的运转。因此，和跑步时的跑者相比，他们无法让自己的大脑自由运转，无法让大脑不参与到静坐之中。

然而，就像我之后会在本章讨论的一样，那些严格遵循老师指导的人中，至少有 80% 能够很规律地体验到瞬间的积极上瘾状态。另外，确实有一部分人能够定期达到这种状态，从而形成积极上瘾，但他们无法解释这是怎样形成的。或许，大部分静坐者在获得短暂的积极上瘾状态时，学会了完全接受这种现象，没有试着回想反思。这种积极上瘾状态变得持久而频繁，如果发生到达一定频率，静坐者就可能形成上瘾。或许我们永远无法了解那些静坐者到底是怎么做到这点的，至少我们现在不知道。

普遍愉悦放松但是并不上瘾的静坐体验（通常伴随暂时的积极上瘾状态）对积极上瘾而言是很有价值的，因为它会很快出现，在第一次出现之后有时还会出现。这让人们很容易坚持，比坚持跑步容易多了，所以尽管静坐或许并不一定能够达到积极上瘾状态，但是相比其他活动，静坐或许能让更多人达到积极上瘾状态。阅读静坐者的回答是件很有趣的事，他们的答案中暗示了频繁但短暂的积极上瘾状态体验。他们经常说自己会有瞬时但是感觉愉悦的头疼，我认为这就是积极上瘾状态扩张的体现。他们说到这种体验时都很惊讶，就好像这种事情不应该发生，而且他们对这种头疼时能感觉愉悦表示也很诧异。

辛西娅·鲍威尔在前文中对静坐赞不绝口，但是她 6 个月前才开始静坐，她还说到另外一种略有不同的体验：“有时我会看到有黑白圆圈来来回回，但是这种情况很少发生。”虽然在大部分时间里，她描述了一连串典型非自我批评的观点流动，来来回回，源源不断，但是这和她上面说的情况有很大不同。或许这是她在接近积极上瘾状态的体现，但是没有人会否认她已经从静坐中获得了很多力量。然而，我认为如果她能继续静坐 6 个月～1 年，她就能进入更深的积极上瘾状态，或许还能达到她的同行玛丽·凯·科克伦（Mary Kay Corcoran）达到的状态。33岁的玛丽·凯·科克伦是一名幼儿园老师，已经练习静坐了一年。她说：

> 我过去经常感觉自己不断陷入更深层的脑部活动中。现在我没有这种感觉了，但是有时我会更加注意在最近静坐过程中出现的梦境，就像在大街上和它们擦肩而过一样。完全不像睡觉。有时我会注意到呼吸放缓、心率下降，有种时间暂停的感觉，但是并不像催眠。这是一种特别独特而且非常私人的体验，你不会和朋友谈论，甚至让我感觉有点儿害怕，但是并没有宗教意味。我更有能量了，更坚定，能够享受每个时刻。我猜我对静坐或者周围的一切都没有意识。我通常无法回想起对静坐本身的印象。我会在电视前静坐，而且根本听不到电视的声音。这是我生命中很特别的部分。我希望余生都能静坐，但是我并不会向他人宣传，因为我觉得当人们准备好之后，他们自然会发现静坐。

在回答我问卷中的“这种心理体验是一种典型而独特的积极上瘾状态，让人感觉愉悦。除了静坐之外，你还通过其他方式获得过或是能获得这种精神体验吗”这一题时，她在“没有”后面画了三个叉，然后说：

> 不会通过宗教、性、生育、药物、疾病或催眠获

> 得。这和集中精神及沉思完全不同。静坐从来不会让我情绪消沉，有时会让我感觉开朗，但通常会感觉很满足、很自信。这比任何暂时的邂逅和情感这类感觉都要好，因为这是正在进行而且永远随时可得的。

玛丽·凯·科克伦说，她在听了很多介绍性课程之后选择开始静坐。她开始时持怀疑态度，但是感觉静坐会对自己生活中影响很大的问题有所帮助。她每天静坐一次，每次20～60分钟不等，每周3～5次。在回答“你多久能达到一次所说的深层静坐状态呢”时，她回答说：“我百分之百能达到。”当然这是非常主观的问题，但是大部分说自己达到这种深层静坐状态的人同样描述了自己达到的积极上瘾状态。由于一些未知的原因，她通过静坐达到积极上瘾状态的能力不足，这或许解释了为什么她没有感觉自己需要每天静坐。每个体验到对静坐需求的人都经历了足够的积极上瘾状态，但是很明显，玛丽·凯·科克伦经历的只够让她定期产生这种需求，而不是每天都会产生。在回答“静坐给你带来了身体或精神上的任何益处吗”时，她说：“静坐让我特别放松，能让我看到生活中更多的有趣之处。比如我之前看到过无数次但从未留意的颜色或形状，现在有时能很强烈地觉察到。我的生活比之前更忙碌，但是我比之前感觉更冷静，也更能掌控局面。”

在回答“静坐帮你改掉了不良习惯吗？比如吸烟、喝酒、用药、过食或赌博”时，她回答说：“我从不饮酒过度，但是我现在几乎没有喝酒的欲望，因为有时我连一杯都喝不完。我没有对高度放松的需求。我吃的和之前一样多，但是静坐之后我会感觉很饿。”

很多人都说自己在静坐之后胃口大增。这似乎并不需要特别在意，因为没有人说静坐让自己体重增加。有些人（不过并不是很多）还说静坐帮自己控制了体重，尽管这一发生频率完全没有跑步人群中发生的那样普遍。几乎没有人会在每天跑了十几千米后还会变胖。

我在继续阐述其他静坐者的回答时，不会说他们静坐的类型，因为我发现人们的反馈和静坐类型没有关联。几乎所有人都说自己酒精摄入量大幅下降，很多人已经把喝酒抽烟用药一起戒掉了。

23 岁的帕特里克·奎因（Patrick Quinn）是一名精神病学技师，练习静坐已经有 3 年了。他开始静坐是因为自己得了抑郁症，感觉很不开心。他每天静坐两次，还说自己 85% 的时间会达到深层静坐状态。如果哪天没有静坐，他就会感觉很不适，但是像其他静坐者一样，他描述的这种不适和跑者经历的那种相比程度轻很多。大部分静坐者都说自己会有轻度不适，感觉错过了很有价值的事情，有点儿焦虑或内疚，但是再没有更多不适了。奎因说静坐让他有了大幅的自我提升，虽然成绩并没有提高很多（他说自己成绩一向很好），但是自己的“论文和报告思路更清晰，内容更简明扼要”。就像很多静坐者一样，在回答“是否克服了什么不良习惯”时，他说：“我把药效温和的药从每天服用，减为偶尔服用。我现在已经完全不用致幻剂或者抗抑郁药物了。”

帕特里克静坐中的精神体验和其他很多人很相似，因为当时他处于无思考阶段，一些念头闪现时，他会用颂唱把它们驱散；但是有时他能够达到积极上瘾状态，虽然并不足够形成上瘾。他说：“我偶尔会进入意象状态，那种状态清晰而深刻，我只能把它形容为宇宙万物。”

26 岁的韦恩布兰·福德（H.Wayne Bradford）是一名学生，已经练习静坐 4 年了，他说静坐帮了他很多，但是他还有很多需要努力的地方。他说他之前颈椎僵直已经有 8 年了，“现在回想起来，当时真的感觉很难受。”在回答改掉的不良习惯时，他说：“我已经有 3 年没有抽过烟了。我现在半年才喝一瓶酒。我不会戒酒。在我把酒列为社交活动的 5 年后，我没再用过药。”

他在回答脑部活动时说：

> 有时，我会感到思维很开阔清晰，每周至少有一次。开阔说的是我感觉很自由，我觉得要比平时的感受占据更多的脑部空间……这种开阔的感觉就好像我不在自己的身体里，也就是我明知道自己在身体里，

> 但是感觉不到。还有时，虽然发生次数很少，但我感觉有一丝完全的无限感，这种感觉特别提神，比开阔的感觉更让我精神振奋，那是一种满足的轻松感。

这再次说明静坐者大部分体验到的都是前积极上瘾状态，但是确实偶尔会达到积极上瘾状态。在回答“你通过静坐以外的其他方式达到过这种感觉吗”时，他说没有，然后说了偶尔出现的积极上瘾状态：“从来没有想过这种感觉。药物、致幻剂或其他东西肯定无法带来这种感觉。（药物引起的）外层感觉和思考会占据人的大脑。”

就像跑者给我的回复一样，我也收到了很多静坐者对积极上瘾的描述，在总共收到的700多份静坐者的问卷中，至少有70份问卷这样描述了积极上瘾，但是几乎没有人能达到跑者那种积极上瘾的频率。我在这两个群体中都节选了一些表达最明确的答案，但并不是说这些人达到积极上瘾的频率最高，或是程度最深。或许很多静坐而且定期达到积极上瘾状态的人要么不能要么不会描述发生的这种情况。对于那些不能描述的人来说，只有体验才有价值。即便无法描述，这依旧是很纯粹的、能让大脑自由运转的积极上瘾状态。那些无法用语言表达的人，不希望冒险失去已经获得的事物，也可能谨遵老师的教诲，所有静坐教师都警告学生不要尝试用语言来形容自己的脑内活动。试图表达自己的体验可能会让他们集中注意力，而这会阻碍这种脆弱的积极上瘾状态的发生。不过在我看来，因为很多人都能描述这种感觉，这就说明如果不受我上面所说情况的妨碍，那么就会有更多人能描述这种感觉。

由此能推出，我们现在知道成功静坐者的比例一定要高于10%，因为有10%的人形容了自己的静坐体验，他们达到积极上瘾状态的时间很长，频率也很高，足以形成上瘾。罗伯特·温奎斯特（Robert Winquist）是一位我很信任的私人好友，他同时也是一名很有经验的超觉静坐教师，他证实，10%这个数字可能正确。但是在他个人指导的1000名静坐者的回复中显示，有差不多80%的人都认为自己有过短暂的（有时不超过1秒）积极上瘾状态。他完全有理由相信这种情况会不断出现，或许还会随着继续静坐而有所增加。尽管他们可能永远都不会形成上瘾，但是我和罗伯特都认为，正是这种瞬间的积极上瘾状态体验让这些静坐者能坚持静坐，而且赋予他们更大的力量。

为了强化这个观点，即个人静坐者可能不会反思静坐过程，玛哈瑞诗和其他静坐教师认为，如果你想从静坐中获得好处，那么建立能引领你达到积极上瘾状态的正确步骤，要比试着理解大脑的运行情况更重要，我完全同意这一观点。但是就像我之前说的，我不认为回答问卷会损害这些静坐者自身，而且他们的答案对于那些想要开始静坐的人很有帮助。为了给出我收到的各式回复中对积极上瘾状态的暗示，我会再引用一些表达更为清晰明确的答案。但是我必须警告所有正在静坐或想要开始静坐的人，这些都是非常主观个人的体验。是否达到本章中这些静坐者所说的状态并不能反映你的成功或失败。下面是一些问卷中很典型回复的节选：

> 有时我会走神，感觉进入了自己的大脑，好像大脑就是我身体的全部，没有四肢。
>
> ＊＊＊
>
> 回想的时候我发现，我过去经常头疼得很厉害，于是我已习以为常。但是我现在很少头疼了，而且经常早上醒来心情很愉悦，就像有很美好的事情在等着我一样，但是我想不起具体是什么事。
>
> ＊＊＊
>
> 错过静坐，感觉就像是你没有刷牙或是洗澡一样。
>
> ＊＊＊
>
> 我的成功并不在于静坐这一行为。很长时间之前我就想放弃，但是日常生活中，我有时会陷入很高兴的状态，我很确信自己达到了狂喜的巅峰。还有些时候，我会看到周围的世界沉浸在无法描述的色彩中。我了解很多不同的高潮，由性爱、好的兴致、酒精、一些让人开心的事件刺激引起，但是没有一种像我刚刚所说的那样。这种快乐有时太过强烈，让我几乎难以承受。我对静坐很有诚心，不过也觉得坚持很难，

虽然上面说的愉悦很少出现，但足以让我继续坚持静坐。

最后这个答案很有趣，这位静坐者静坐并不是为了在静坐中发生变化，也不是为了获得那些帮助她改善生活的事物。坚持静坐是因为她认为是静坐引起了这种频率很低但极度快乐或神秘的积极上瘾状态体验，而这对她来说非常有价值。很多静坐者（比跑者数量要多）都说，他们在优美的自然环境中时能够获得和静坐时相同的体验。他们描述的这种非自我批评的前积极上瘾状态让人感觉很愉悦、很放松，发生得很普遍，但是并不会与积极上瘾状态相混淆。很典型的评价是："自然的事物可以引发这种感觉，就是很强烈的自我感。山中或海上的一日能够让我产生同样的感觉。"

有些人说宗教体验也会带来这种感觉，比如祈祷、敬拜。另外一些人说这种体验和高潮之后几分钟内的感觉很像。有人这样说：

> ……夜晚的独自散步，偶尔会出现一种自发的高度精神意识，同样会由一种包纳接受的情绪引起。五六年前，我有过多次由药物引起的精神体验，但是在那之后再也没有用过那种方式。因为独自一人处于大自然中，也可以给我带来这种体验。

另外一个人说他有过类似静坐的体验：

> 我有过这种体验，包括以下几种特征——情感投入、有意识或无意识的幸福感、无方向的行动、坦率开明。对我而言，欣赏日出日落、自然美景，或是在天气好的时候作为船长出海航行，保持船身平稳，但是没有特定的前行方向，这些都会给我带来前面提到的那种和谐感。

差不多占总回复人数 20% 的静坐者都曾经用过药，程度从中等到严重不等，一般都是大麻和致幻剂，没人说吸食过海洛因。下面是很典型的服用致幻剂的回答：

> 我在很多年前服用过致幻剂，但是随着药效减退，药物带来的感觉也逐渐消失。尤其是剂量越大，达到这种感觉的可能性就越小。但是超觉静坐的效果是累积的，而且在静坐很长时间之后，这种感觉还会延续到日常生活中的其他时刻。

就像跑者给我的回复一样。我之前说过，有静坐者认为静坐对自己有很大益处。我确定很多回复问卷的人都在推广超觉静坐，因为他们的答案简直就是超觉静坐的宣传手册。这并不是说他们的答案不可信，但是我决定将这部分答案剔除。即便在剔除了这类答案后（差不多有 100 份），我觉得还有差不多 700 人描述了无可置疑的好处。在这 700 人中，75 人描述自己达到了积极上瘾状态，和我上面引用的描述很相似。然而就像我说的，就算达不到积极上瘾状态，静坐也是有益处的。接下来我并不会说有多少百分比的人通过静坐获得了力量。重要的是，确实有很多人通过静坐获得了力量，就像跑者通过跑步上瘾获得力量一样，除非你一整天都在静坐，否则不会带来任何危险。除非你和巴比龙一样受到单独监禁，否则会觉得整天静坐很愚蠢，而在我收到的回复中，没有人说因为静坐而遭受任何形式的痛苦。

尽管我已经详细研究了静坐，但我还是不清楚如何预测什么样的人能通过静坐获得帮助。我甚至不能肯定去类似超觉静坐组织的正规学校学习静坐是否有必要。毫无疑问的是，你完全可以通过自学练习静坐，就像回复者中有人做的那样，或者通过阅读被广泛推荐的静坐书目，比如劳伦斯·莱尚（Lawrence LeShan）所著的《如何静坐》(*How to Meditate*)。[⊖]

1975 年 2 月 9 日《纽约时报杂志》中有一篇科学自由撰稿人麦琪·斯卡夫（Maggie Scarf）写的文章，篇幅很长。文章［“用超觉静坐来放松”（Tuning Down with TM）］很值得一读，在如何学习静坐这一主题上，她描述了哈佛医学院一位心脏病学家赫伯特·班森（Herbert Benson）的工作。班森研究了超觉静坐对血压的影响，发现只要静坐，就会降低高血压患者的血压，但是远达不到治愈的程度。班森对超觉静坐的有些

⊖ Lawrence LeShan，*How to Meditate*（Little Brown，1974）.

方面持有异议，尤其是那些神秘的颂唱，他建立了自己的静坐规则，规则和超觉静坐的概念相同，除了在每次呼吸时不说颂唱而说“一”。他说，他提倡的这种静坐同样有效，而且不需要任何成本。关于这点我并不清楚。但是我很愿意相信神秘的颂唱和水果花篮这样的仪式是完全不必要的，不过这些仪式已经延续了几千年，或许比像我这样的外行人能看到或愿意看的要更有价值。

然而称自己是专家的莱尚同时还给出了几条警告，在我看来，如果你有兴趣学习静坐，那么记住这些警告是有用的。他说：

> （静坐）教师现在遍地都是，有的人能力很强，有的则是骗子。你可以通过一些标志来识别骗子……如果他正在跟着“古鲁”㊀前行，说实际上你要“没有任何疑心地跟随我、服从我，我就能让你得到超脱”；如果感觉他教课时像是在管理一笔大生意；如果他说他的体系是唯一有效的，而且快步走向最近的出口；如果他告诉你“绝不外传的秘密信息”，他可能属于这类人。最重要的是，应该通过教师的人品来评判他。如果他的体系有作用，能帮助学生在既定的方向上前进，如果教师足够了解这一体系能够教授知识，

㊀ 尤指印度教的精神领袖。——译者注

> 那么这种体系应该也对他（教师）有所影响。除非他人很善良，拥有人们尊重并羡慕的人际关系，否则最好还是去别的地方再看看。

很明显，他的话倾向于给超觉静坐贴上骗术的标签，但是我觉得他不是有意这样做的。我很肯定他可能还有所保留，因为静坐是件大事，需要从前的小仪式，需要神秘的颂唱，但是从欺骗性角度来看，最重要的是没有试图对学生过度收费，除了入门费之外再没有额外收费，反而在一直帮助学生。通过莱尚的看法，我会提醒学习者不要陷入异教团体，或掉入金融陷阱。我认为最重要的是他对教师的看法。教师应该是那种让你相信静坐对自身有良好效果的人。在精神病疗法中，视力障碍者无法引导视力障碍者。如果你向别人寻求生活上的帮助，无论他是古鲁还是顾问，都应该是你能很容易理解、能建立相互尊重和信心的人，最重要的是，你喜欢他，而且你相信他也欣赏你。

Positive Addiction

7

# 生活中的积极上瘾

## 积极上瘾对我们及孩子的影响

如果你认为积极上瘾状态和我前面描述的一样好，而且你很认真地考虑开始晨跑，每天静坐或是做一节瑜伽，那么你完全不必惊讶。你可能会按照第 4 章中的六条标准来发现自己的积极上瘾形式，如果你坚持下去，很可能会成功。关键在于坚持。你需要严格自律才能形成积极上瘾，毫无疑问，你越强大，形成上瘾的可能性就越大，但积极上瘾绝不是强者的专属。

我对跑步和静坐的调查显示，很多缺乏自信或是具有令人烦恼症状的人，甚至连一些中度消极上瘾的人都能通过积极上瘾让自己的生活质量大幅提升。因此，尽管积极上瘾需要力量，但就算是酗酒者和瘾君子，都有超出自己想象的力量。如果他能开始体验这种非自我批评性的放松，之后闪现短暂的积极上瘾状态，这就足够支撑他继续下去。此外，软弱并不意味着愚蠢。几乎所有承受症状带来痛苦的人，以及大多数消极上瘾的人，都能意识到如果自己更强大些，生活将变好很多。他们缺乏与他人交往的信心，所以会发现积极上瘾是很好的替代品，因为积极上瘾绕开了这一障碍帮助他们获得力量。那位通过诵诗而戒酒的僧侣现在和他人来往密切，是积极上瘾让他有力量迈出第一步。我收到的问卷答复无数次支持了这个观点，但即便如此，我也不能说积极上瘾是人类软弱的万灵药。

不过积极上瘾是所有人都能尝试的，而且没有风险。因为所有积极上瘾都是很简单的活动，人们可以很轻松地完成，没有失败的可能。难的是长期坚持，并最终形成上瘾。如果你放弃，情况也不会比开始时更糟糕。因此，我强烈建议所有人，无论是最软弱的消极上瘾者，还是我们中最强大的人，都可以考虑把积极上瘾作为获得力量的方式。我们需要所有能获得的力量；没有力量是多余的。

说实话，对于软弱孤独的人而言，积极上瘾如此具有吸引力，能让他们自己完成，而这对其他人而言是种短处，因为你不仅是要独立完成，而且必须是独立完成。这并不是一项社交活动。没有班级，没有小组，也没有课程，除了让你开始之外，不能再帮你更多。在这之后就看你自己了。因此，很多并不习惯独自做事的强者，他们也并不受痛苦驱使，所以很难达到积极上瘾状态。

你可能会想到跑步的乔·亨德森花了两年时间才形成上瘾，但他之前一直在参加比赛。静坐需要的时间会短一些，但是就像在第 6 章中解释的那样，静坐者中形成上瘾的人很少，可能只有 10%。还有一些积极上瘾的形式介于跑步这样的高强度体力型活动和体力脑力都属于低强度的静坐之间，但即便是不需要很费力的活动，也需要很多实践，这远比我们自身愿意付出的要多。因此，很多成年人达不到积极上瘾状态，是因为除非我们愿意付出大量努力，每天花至少 1 小时在上面。

很不幸的是，在我们小时候，通常是 2～5 岁上学前班的时候，积极上瘾状态会自然发生。观察孩子自己玩沙子、小汽车、石块或玩偶，你就会发现，孩子经常在玩的过程中出神一样地暂停一会儿，而且反复出现。这种现象好像很自然，持续时间从几秒钟到几分钟不等，之后孩子会再次投入玩乐之中，而且玩得更带劲。他之前可能是几乎自动地在推着玩具小车，筛着沙子，给玩偶梳头或整理衣服，但是当从短暂却自然发生的积极上瘾状态中脱离后，他就能更主动地投入玩乐中。然而，随着孩子逐渐长大，尤其是上学之后，他能获得这样的时刻就越来越少了。他一下子接触到了我们文化中太多的标准性警告。人们告诉他不要总是在幻想，机灵点儿，别浪费时间，全力做事，所有这些都在告诉孩子，要想有所收获，必须集中注意力，要让大脑忙碌起来。他很快就学会抛弃那些自然的积极上瘾状态体验，一旦他掌握了让这些体验不再发生的技巧，之后这些体验就再也不会出现了，而几乎我们所有人都会在很小的时候掌握这些技巧。成年人想要再次捕捉这种体验，就要形成积极上瘾。

文化灌输给了我们的自我批评，让我们无法达到积极上瘾状态，而积极上瘾是唯一能克服这种障碍的方式。不过，在我们成年后，积极上瘾状态也确实会偶尔地自然冲破障碍。格里利和麦克里迪（见第 3 章中提到的研究）发现，大约 40% 的成年人曾经有过一次这样的体验；大约有 20% 的人说经历过好几次；有 5% 的人说这种情况经常发生，但是他们并没有对“经常”这一概念进行详细界定。我很怀疑后者中有部分人是积极上瘾者。

如果人们说的是“定期”而不是“经常”，那么我猜测积极上瘾的人数比例会更高。当这种情况自然而然地出现在成年人身上，包括文章的作者都想相信这起源于宗教。这帮助他们解释了这些积极上瘾状态的体验，否则他们就会担心这种极度的愉悦有点疯狂。而这不仅不疯狂，就像在第 3 章中说的那样，反而与心理健康有很高的相关性，在有效的心理测试中，远高于其他现已发现的事物。然而，我们很早就学会的部分自我批评观念认为这种自然发生的积极上瘾状态是不正常的，并且要加以提防。我们中的大部分人都做得很好；只有 5% 的人能够充分放松，接纳自我，从而能自然地享受积极上瘾状态带来的益处。

我们在学习让自己拒绝这种自然强化现象时确实会付出代价。部分代价是失去了变得更强大的机会，另一部分代价是不断提高警惕，防止这种现象发生。这种警惕性在我们很小的时候就形成了，或许就在上学不久后，对我们大部分人而言，这很成功地阻止了积极上瘾状态的发生。一直保持警惕需要消耗能量；这在我们已有的紧张生活上又加入了持久的低水平焦虑。之后，如果我们没能很成功地寻找到爱与价值，那么我认为我们中的很多人，尽管在十几岁时就开始努力试图消除这种焦虑，但最终还是形成了消极上瘾。

我们用短暂但可靠的化学物质引起的积极上瘾状态来达到我们迫切需要的放松状态。药物通常都比较温和，比如咖啡因或尼古丁，但是很有用，因为它们会引起规律性但短暂的积极上瘾状态，这就会弥补部分我们儿童时期经历的自然积极上瘾状态。人们喝咖啡、吸烟，不仅是为了获得这些药物很小的缓解痛苦的功效，也是为了获得它们带来的大脑片刻的放松。如果没有咖啡、可乐和香烟的"休息时间"，很多人都认为自己无法撑过这一天。不幸的是，我们使用的药物越多，就算是咖啡因或尼古丁这样的温和药物，我们也会更习惯于这种药物引起的愉悦，会更依赖于这种药物带来的定期放松。我们很快就会对咖啡和香烟形成上瘾，或许我们国家中半数成年人都是这样。

尽管这种上瘾程度温和，但还是很有效地阻碍了自然积极上瘾状态出现的机会。当咖啡因或尼古丁的效用减退，我们很快就会再次回到之前的状态，而且要承受额外的戒瘾性痛苦。咖啡因和尼古丁并不是严重的上瘾（最好的情况是，它们只提供积极上瘾状态的闪现），但这两样物质是有害的，因为它们干扰了我们自然放松的能力。我们抽烟越多，在不抽烟的时候就会感觉越焦虑，但因为抽烟是克服焦虑的主要方式，所以我们陷入了恶性循环。

人们通常会说积极上瘾是打破这种恶性循环的方式，能提供足够的自然积极上瘾状态来让自己变得足够强大，能够让我们充分放松，不再需要吸烟。对很多定期达到积极上瘾状态的人说，酒精和药物不再是必需品。我认为化学物质，哪怕像尼古丁和咖啡因这样药效温和的，也会阻止我们的精神活力，可能还会阻碍创造过程。因为这些药物看似可以提供放松和力量的幻觉，但这就是全部了。

有人可能会反驳说，很多具有创造力的人都抽烟、喝咖啡，甚至有的还用药，但是没有证据显示他们需要这些药物让自己变得有创造力。如果他们能够获得力量，就会停止这些对自己大脑或温和、或严重的化学攻击，他们就可能更有创造力。然而，如果他们本身很软弱，就像很多具有创造力的人都有很多病症，那么这种温和的上瘾可能确实会起作用。对他们而言，没有这些药物，他们就会焦虑过度，无法做任何事情。这些同样适用于酒精和镇静剂，但是一个人对强效药物越上瘾，他的创造力就会变得越低。

事实上，曾经有过古老的神经病学神话，说的是要想变得有才情、有创意，你就要有点神经质（软弱），而好的疗法可能会破坏这种创作冲动。没有什么能比这更远离真相的了。创造力与力量紧密相关，而不是与软弱相关。有了新发现的力量之后，有些承受痛苦的艺术家可能会花时间来享受这种迟到的爱与友谊，而这可能会让他们在某段时间减缓艺术创作。一旦对于爱的需要得到了满足，他们很快就会再次开始工作，而且通常比之前更多产也更有创意。在生活中，负负并不得正，那些强大而且不依赖药物的人总是生活得更好。

目前为止，我们已经讨论了对于接受焦虑、上瘾、拒绝非化学性自然放松带来的价值等问题，为了看看我们的成果，我想在这里引用一篇文章，是我最近在飞机上的杂志里看到的。这篇文章询问了公司经理对于建议允许自己员工在咖啡休息间静坐 20 分钟的看法，作者罗列了这些经理的回答。很多人都嘲笑这条建议，还有很多人说这条建议很危险。他们并不想让自己的员工放松。他说对员工而言，保持焦虑、担忧和紧张是很有好处的。这会让他们成为更好的员工和竞争者。无一例外地，他们都认为放松是竞争和生产力的敌人。

从目前收集到的数据来看，人们普遍持有的这种看法是大错特错的。如果想要在休息间静坐的员工能够获准用一小段时间来静坐，那么即便达不到积极上瘾状态，他们也会变得更加强大、更有韧性、更有创造力。他们也会对公司允许自己静坐而感到感激，因此自然会将从工作时间中获得的力量更多地投入公司的利益中。很多发现这一点的公司，之后可能会错误地把静坐变成一项公司政策，从而破坏了其为多数员工带来的好处，因为这种静坐必须是自发的，否则不起作用，而且无法强加给任何人。

就在思考这些公司经理的回答时，我突然想到，或许这种普遍的态度就和校长严格要求学生学习古罗马和古希腊的经典著作一样。这些校长普遍相信埋头苦读、学习希腊语和拉丁语的方式为人生做了很好的准备。为了支持自己的看法，他会一个个地告诉学生，在这方面的勤奋工作会在未来的职业中得到回报。他的这一说法当时毫无依据，但是关于时间的常识支持了他的说法，经典著作也就成了传统课程的基础。今天，这种看法遭到了质疑。学生不用学习希腊语或拉丁语就能取得很好成就，但是某种程度上，我认为相信经典著作价值的这一看法也有一些道理。这种价值较少体现在内在，更多地体现在这些书目清一色枯燥这一事实上。

作为学生，在这些希腊语或拉丁语的大部头中奋力挣扎向前，很容易发呆神游。这些书就像是一种学术的咒语，让学生枯燥的大脑变得更加开放自由。阅读希腊文的《奥德赛》（*Odyssey*）会让人走入精神旅程，这比奥德修斯[⊖]流浪更为离奇绝妙。强迫这些活泼的年轻人读这些作品，当他们和作业斗争时，能定期感觉昏昏欲睡，从而进入积极上瘾状态。如果某个学生太过不幸，学校让他一直埋头苦读，让他一直打起精神，那么这种做法既折磨人也完全没有价值。然而，如果你是个好学生，你的老师也很有眼光，那么你就能获得积极上瘾带来的全部益处，你不必因为失败而自我批评；事实上，你可能还会感觉非常愉悦。我认为对伟大经典著作的测试可能是因为它提供了长篇幅的乏味内容，在你学习的时候，让你的大脑迫切想要定期自由运转一下。

与此形成鲜明对比的是，今天的孩子正面对电视的不断冲击，电视不停刺激着孩子尚未成熟的大脑。无论播放的是不

⊖ 《奥德赛》中的主人公。——译者注

是儿童节目，电视都是人们为了吸引观看者的视觉和听觉而创造出来的，人们在看电视的时候思维会完全被电视所占据。在十岁以下的儿童中，达到这一效果的比例是百分之百，而在大一点的孩子和成人中比例则少很多。电视广告尤其刺耳，更能吸引注意力，节目中不断的暴力行为，更是对儿童进行持续刺激。这种过量的刺激对年幼的儿童具有潜在的毁灭性影响，因为这会阻止他们进入自然的积极上瘾状态。儿童需要这种自然的积极上瘾状态体验。这种体验让人平静，给人力量，但是如果他一天有八个小时（这是学前儿童看电视的平均时间）都坐在电视机前，那么这种情况发生的概率就会微乎其微。

在《认同社会》（*The Identity Society*）中，我解释过电视会妨碍儿童的社交情况。他们本该积极玩耍时，却在消极地看电视。所以他们在之后上学时会严重缺乏社交技巧。电视上暴力和反社会的刺激会让他们变得更加软弱，从而会通过见诸行动表现出来，来看看自己能否像电视里的人那样获取乐趣。因此电视妨碍了他们需要用来社交、玩耍、学习的时间，从而剥夺了他们的爱与价值，也剥夺了他们自然的积极上瘾状态，这些都会减少他们的力量。所以，他们软弱是因为电视妨碍了积极和消极两种获得力量的方式，当他们面对学校的轻度压力时，就会选择放弃或者见诸行动。当今流行的儿童多动症就是一种症状性的见诸行动的反应，因为他们没有足够的力量忍受学校日常安排。他们觉得很难，一部分是因为他们太过软弱，无法集中注意力；另一部分是因为学校的安排并不满足他们对于持续不断的社交需求，而电视能做到这一点。

如果儿童无法通过社交和周密的教育得到有效帮助，从而让自己变得更强大，而他们的见诸行动被粗暴制止，刺激性的选择又是课程的一部分，那么他们就会在学校表现不佳，成为问题少年。由此，整个青少年问题的肮脏画面就会显现。尽管电视对所有儿童都有负面影响，但是对于低收入经济阶层的儿童而言，尤其是那些少数族裔的儿童，电视的伤害更大，因为除了看电视以外，他们几乎没有其他选择。因此电视是导致贫困儿童软弱、力量不足的主要原因，而这又将他们困在贫困当中。为了逃离他们的经济阶层，他们至少需要拥有和中等阶层儿童一样多的力量，他们也因此被迫和这些儿童进行竞赛。

我们需要强大的公共教育项目，由私人资助（政府在这方面很是畏缩），告诉所有家长要控制孩子看电视的时间，学前儿童 1 小时，11 岁以下儿童 2 小时。在 11 岁之后，他们看电视的时间就会减少，而且电视造成的大部分危害都出现在 11 岁之前。有些读者会认为我让电视做了替罪羊，他们认为父母的不作为和社交歧视的作用更为重要。即便这种看法是正确的（虽然我并不这么认为），但事实是，相较于让家庭团聚和终结社交歧视，减少孩子看电视的时间是我们能更容易做到的。无论电视是不是主要因素，少看电视都会让儿童更加强大。对我而言，谁对谁错并不是问题，问题是我们能做什么。我认为就现有信息来看，很多父母会开始努力限制孩子看电视的时间，越强大的父母，越有可能这样做。

另外一个建议是针对教育工作者的，我建议他们允许小学生（甚至小学老师）每天有 15 分钟的时间做自己的事情。孩子可以做任何事情，只要是自己选择的，能自己完成的，而且能在教室或操场进行，不妨碍他人就可以。我的目的是试着创建一段时间，让每个学生（和老师）都能进行非自我批评的活动。即便学生和老师不会进入积极上瘾状态，短时间的自我接纳活动也会让他们更好地利用自己的大脑。艾奥瓦州牛顿市的爱默生·霍夫学校就在实验这件事，而且他们认为这确实带来了良好的效果。这种效果还需要进一步解释分析，但是这确实为我们过度程序化的教育提供了一种必要的自由维度。

在积极上瘾和很少发生的自然的积极上瘾状态之间是一些让人愉悦的活动，而发呆神游通常是其中的一部分。这些活动并不是上瘾，但是我们很喜欢这类活动，而且这也是我们增加力量的有效途径。就像我之前说的那样，这类活动之于积极上瘾就如同暴饮暴食之于消极上瘾。这类活动的例子有钓鱼、打猎、登山、散步、观鸟、观鲸、晒太阳、为了愉悦而开车、坐在沙滩上看海浪、看烟囱里冒出的火花。所有这些活动都给人带来了满足感和内心的平静，这对他们而言是独一无二的，而这都是进入偶尔发生的积极上瘾状态体验的“前菜”。

我个人曾经独自垂钓好几个小时，最后收获寥寥，但是那天风和日丽，温度宜人，是个很舒适的夏日午后。突然之间时间就溜走了，夜幕降临。整个经历让我感觉特别愉悦，我确定在鱼上钩之前我一定体验了多次短暂的积极上瘾状态。观潮、欣赏日落、看山或在森林里散步，这些活动之所以会吸引人，就是因为积极上瘾状态有时会在自然中体验到。有时双方会相互体验到积极上瘾状态，和其他方式相比，这种情况下人们会更加了解自己的内心，也会更加了解彼此。

因此，我认为我们应该让自己也让孩子少一些竞争。我们应该允许他们有休息的时间，每天有放松的时间；不要总是绷得太紧。就连在部队这样高程序化的地方，我也学到了等待，尤其是排队等待的价值。在高度组织化、高度积极的基本训练中，排队等待对我而言就像是沙漠中的绿洲，让我可以自由徜徉，让我有时间使大脑恢复精力。对很多士兵而言，排队等待无聊至极。他们不会感觉放松自在，反而会痛恨低效，认为到处都要排队。可能部队知道的比他们要多，可能我们需要这些等待的时间，反正我知道我需要。我习惯于相信，在部队或其他地方，花点时间排队并不是一无是处。

肯定有人会误解我的意思，或许有的读者会指责我说这本书和之前我所说的现实疗法有很大偏差，现实疗法很实际，直截了当，我多年以来一直在强调：直面现实，解决问题，参与治疗，把事做好。这里我想为自己辩护一下，我想解释说，我完全没偏离原来的观点。我现在依然完全相信我们应该直面现实，但是我在现实疗法中发现：客户需要获得力量来完成自己的计划。

当然，很大一部分的力量来自他参与的治疗。这种参与的关键在于高度接纳，他要很享受和优秀治疗师在一起治疗。对很多具有症状寻求帮助的人来看，每周和治疗师进行短暂的接触可能就是多年来他唯一有过的被接纳的经历。这并不意味着无论客户做什么，治疗师都要完全接纳。这种接纳是有条件的，条件就是他要开始面对自己的问题，并制订计划去解决问题。而这种条件的程度和速度是现实疗法的部分技巧，这就不在本书的范围之内了。如果治疗师技巧纯熟，就能说服大部分客户，让他们相信这一条件带来的好处是不言而喻的，这也不会妨碍客户的接纳体验，从而能让他们进入自己大脑的更深层，获得力量。有些客户说，他们就是在坐在等候室等着见我或我的同事时获得了力量。他们的意思是，等候室本身成了他们的避风港，让他们可以在此接纳自己。

所以尽管我认为认真面对事实并制订计划很重要，但是我的经验是，不要着急制订计划，因为如果你没有能力为客户创造出非自我批评的合理治疗环境，那么客户也就没有力量能实施计划。如果有了这种治疗氛围，客户也能自己定期达到积极上瘾状态，那么不断增加的力量就会帮助他扭转局势，转危为安。

虽然我在这方面的实践还很缺乏，但是我最近推荐一个极度焦虑的客户开始静坐，推荐另一个超重的客户开始跑步。好的疗法和积极上瘾能否一同起作用，结果将是很有趣的。圣地亚哥的精神科医生撒迪厄斯 L. 科斯特巴拉（Thaddeus L. Kostrubala）一直向那些愿意尝试的病人推荐跑步，他说他并不清楚为什么跑步能提高精神幸福程度，"但是我的一生中，从来没有在医学知识上的重大突破"。当他看到自己病人的情况通过跑步得到好转时，他说："我对我看到的情况特别感兴趣，简直难以置信。"[⊖]

每个社会中都有一定的平衡，每个人都需要一定的时间来进入积极上瘾状态，从而过上最完满的生活。在我们的社会和文化中，这种时间每天不会超过 1 小时，或许不用这么长就足够了。无论软弱还是强大，我们大多数人能够定期接近这一目标的唯一方式就是形成积极上瘾。当我们学着让自己和孩子进行放松，如果这种状态下非自我批评的程度足够，那么积极上瘾状态就会自然地再次出现。我并没有预料这种情况会在可预见的未来出现，但是我希望本书能激励人们尝试积极上瘾。冒着啰唆的风险，我必须再次警告：形成积极上瘾并不是件易事。如果你想要尝试，就一定要坚持下去，如果成功，生活中因此发生的改变，会让你倍感惊喜。

---

⊖ Lew Scarr，Copley News Service，from an article，"Run for Your Sanity，" Redondo *Daily Breeze*（February 10，1975）.